랑데뷰☆수학 모의고사 - 시즌1 제1회

공통과목

1	①	2	②	3	③	4	②	5	③
6	④	7	④	8	⑤	9	④	10	②
11	④	12	④	13	②	14	③	15	③
16	2	17	23	18	12	19	22	20	6
21	15	22	17						

확률과 통계

23	③	24	⑤	25	⑤	26	③	27	③
28	⑤	29	16	30	720				

미적분

23	①	24	②	25	②	26	④	27	②
28	⑤	29	17	30	69				

기하

23	③	24	②	25	④	26	②	27	⑤
28	③	29	42	30	3				

랑데뷰☆수학 모의고사 - 시즌1 제1회 풀이

공통과목

[출제자 : 황보백T]

1) 정답 ①

[검토자 : 최수영T]

$\left(2^{4+2\sqrt{5}}\right)^{2-\sqrt{5}}=4^{(2+\sqrt{5})(2-\sqrt{5})}=4^{-1}=\frac{1}{4}$

2) 정답 ②

[검토자 : 최수영T]

$\lim_{h\to 0}\frac{f(2+h)-f(2-h)}{h}$

$=\lim_{h\to 0}\frac{f(2+h)-f(2)-\{f(2-h)-f(2)\}}{h}$

$=\lim_{h\to 0}\frac{f(2+h)-f(2)}{h}-\lim_{h\to 0}\frac{\{f(2-h)-f(2)\}}{-h}\times(-1)=2f'(2)$

$f'(x)=x^2+2x$ 이므로

$2f'(2)=2(4+4)=16$

$(\sin x-\cos x)^2=\sin^2 x+\cos^2 x-2\sin x\cos x$

$=1-2\times\frac{1}{3}=\frac{1}{3}$

$\therefore\ \sin x-\cos x=\frac{1}{\sqrt{3}}=\frac{\sqrt{3}}{3}\ \ (\because\ \sin x>\cos x)$

4) 정답 ②

[검토자 : 최수영T]

$x\to\infty$일 때 주어진 식의 좌변은 $\infty-\infty$꼴이어야 하므로 $a>0$이다.

분모, 분자에 $\sqrt{1+x^2}+ax$를 곱하면

$\lim_{x\to\infty}(\sqrt{1+x^2}-ax)$

$=\lim_{x\to\infty}\frac{(\sqrt{1+x^2}-ax)(\sqrt{1+x^2}+ax)}{\sqrt{1+x^2}+ax}$

$=\lim_{x\to\infty}\frac{1+x^2-a^2x^2}{\sqrt{1+x^2}+ax}$

$=\lim_{x\to\infty}\frac{\frac{1}{x}+(1-a^2)x}{\sqrt{\frac{1}{x^2}+1}+a}$

$=\lim_{x\to\infty}\frac{(1-a^2)x}{1+a}$

$=\lim_{x\to\infty}\{(1-a)x\}(\because a>0)\quad\cdots㉠$

㉠이 극한값 b를 가지므로 $1-a=0$

$\therefore a=1, b=0$

$\therefore a+b=1$

5) 정답 ③

[검토자 : 최수영T]

$y=3x^2+2x$와 $y=5$이 만나는 점의 x좌표는

$3x^2+2x=5$

$3x^2+2x-5=0$

$(x-1)(3x+5)=0$

$x=1\ (\because\ x>0)$

따라서

$5-\int_0^1(3x^2+2x)dx$

$=5-\left[\ x^3+x^2\ \right]_0^1$

$=5-2=3$

6) 정답 ④

[검토자 : 오세준T]

$\sum_{n=1}^{10} a_n + \sum_{n=1}^{10} b_n$

$= \frac{10(2a_1+9d)}{2} + \frac{10(2b_1-9d)}{2}$

$= 10a_1 + 45d + 10a_1 - 45d$

$= 20a_1 = 40$

$\therefore\ a_1 = 2$

$(a_1)^2 + (b_1)^2 = 4+4 = 8$

7) 정답 ④

[검토자 : 오세준T]

x, $x-4$은 로그의 진수이므로 $x>0$, $x-4>0$에서

$x>4$ … ㉠

$\log_2 x \le 5 + \log_{\frac{1}{2}}(x-4)$

$\log_2 x(x-4) \le \log_2 32$

$x^2-4x-32 \le 0$에서 $-4 \le x \le 8$ … ㉡

㉠, ㉡에 의하여 $4 < x \le 8$

따라서 모든 정수 x의 값의 합은 $5+6+7+8=26$

8) 정답 ⑤

[검토자 : 오세준T]

$f(x)+g(x) = x^2 g(x)$에서 $g(x) = \frac{f(x)}{x^2-1}$이므로

$\lim_{x\to1} g(x) = \lim_{x\to1}\frac{f(x)}{(x-1)(x+1)} = 6$에서 $\lim_{x\to1}\frac{f(x)}{x-1} = 12$이다.

$\therefore$(주어진 식)$= \lim_{x\to1}\frac{f(x)g(x)}{(x-1)(x^2+x+1)} = \frac{12\times6}{3} = 24$

9) 정답: ④

[출제자 : 오세준T]

[검토자 : 김가람T]

$a_1 = \frac{7}{2}$이므로 $2\left(\sum_{k=1}^{n} a_k - \frac{7}{2}\right) = 5\sum_{k=1}^{n-1} a_k$

수열 $\{a_n\}$의 첫째항부터 제n항까지의 합을 S_n이라 하면

$2S_n - 7 = 5S_{n-1}$

$2S_n - 2S_{n-1} = 3S_{n-1} + 7$

$2a_n = 3S_{n-1} + 7$ …… ㉠

n 대신에 $n+1$을 대입하면

$2a_{n+1} = 3S_n + 7$ …… ㉡

㉡−㉠을 하면

$2a_{n+1} - 2a_n = 3(S_n - S_{n-1})$

$2a_{n+1} - 2a_n = 3a_n$

$\therefore\ a_{n+1} = \frac{5}{2}a_n$

따라서 수열 $\{a_n\}$은 $a_1 = \frac{7}{2}$이고 공비가 $\frac{5}{2}$인 등비수열이므로

$a_n = \frac{7}{2}\left(\frac{5}{2}\right)^{n-1}$

$\therefore\ a_{10} = \frac{7}{2}\left(\frac{5}{2}\right)^9 = \frac{7\times5^9}{2^{10}}$

10) 정답 ②

[검토자 : 김경민T]

집합 A에서 방정식 $(x-2)\int_0^x f(t)\,dt = 0$의 해는

$x=2$, $x=0$이고 $\int_{-2}^0 f(x)\,dx = 0$에서 $x=-2$이다.

따라서 집합 A의 원소는 $f(2)$, $f(0)$, $f(-2)$이다.

그런데 $n(A)=2$이므로 셋 중 같은 값이 있어야 한다.

$f(x)$는 최고차항의 계수가 양수인 이차함수이고

$f(-2)>0$이므로 $f(-2)=f(2)>0$, $f(0)<0$이다. …… ㉠

따라서 $f(x)=ax^2+q$ $(a>0, q<0)$꼴이다.

$\int_{-2}^0 f(x)\,dx = 0$에서

$\int_{-2}^0 (ax^2+q)\,dx = \left[\frac{1}{3}ax^3+qx\right]_{-2}^0 = \frac{8}{3}a + 2q = 0$

$q = -\frac{4}{3}a$

따라서 $f(x)=ax^2-\frac{4}{3}a$이다.

그러므로 이차함수 $f(x)$의 최솟값은 $-\frac{4}{3}a$이다.

[랑데뷰팁] - ㉠ 추가 설명

(i) $f(-2)=f(0)$인 경우 $f(-2)>0$이므로 $0<x<2$에서 $f(x)>0$이므로 $\int_0^2 f(x)\,dx > 0 \ne 0$으로 모순이다.

(ii) $f(0)=f(2)$인 경우도 마찬가지로 $\int_0^2 f(x)\,dx \ne 0$으로 모순이다.

11) 정답 ④

[그림 : 배용제T]

[검토자 : 김상호T]

구간 $[0, 2\pi)$에서 곡선 $y=a\sin(nx)+b$의 최댓값을 M, 최솟값을 m이라 하면

(i) $m<n<M$일 때, a_n의 개수는 다음과 같다.

$a_1=2$, $a_2=4$, $a_3=6$, $a_4=8$, $a_5=10$이다.

(ii) $m=n$일 때, a_n의 개수는 다음과 같다.

$a_1=1$, $a_2=2$, $a_3=3$, $a_4=4$, $a_5=5$이다.

(i), (ii)에서

$\sum_{n=1}^{5} a_n = 14$을 만족시키기 위해서는

$a_1 = 0,\ a_2 = 0,\ a_3 = 0,\ a_4 = 4,\ a_5 = 10$이어야 한다.

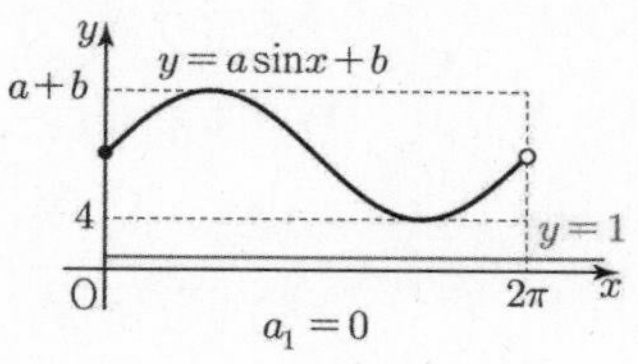

$a_1 = 0$

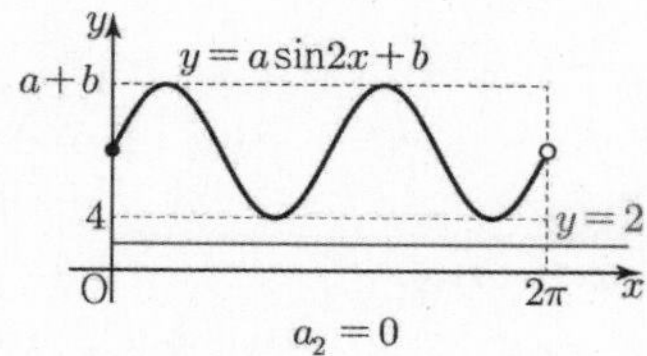

$a_2 = 0$

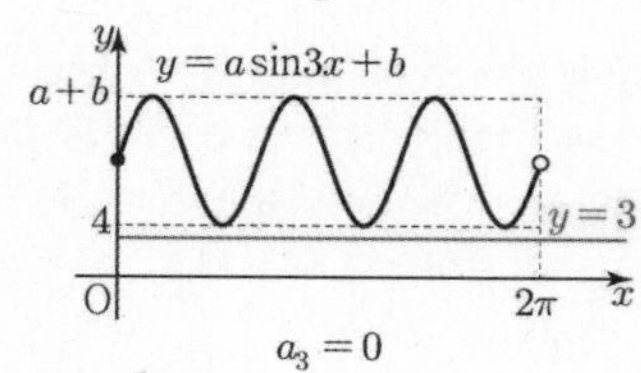

$a_3 = 0$

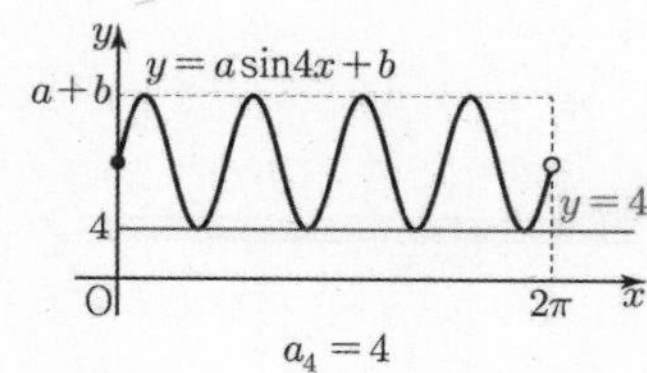

$a_4 = 4$

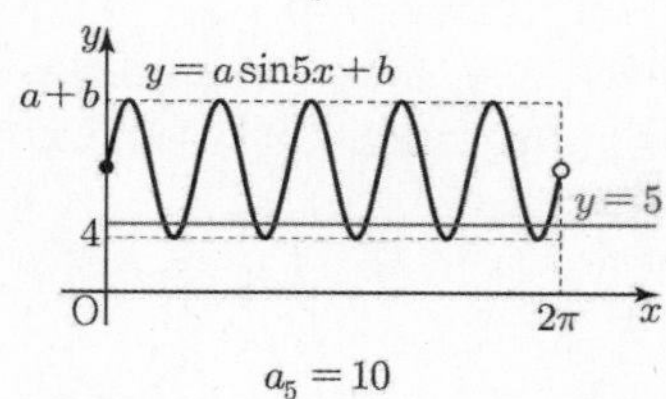

$a_5 = 10$

즉, $m = 4$이어야 한다.

$m = -a + b$이므로 $-a + b = 4$이다. …… ㉠

한편, a_n의 최댓값은 a_{13}이므로 $13 < M \le 14$이어야 한다.

$M = a + b$이므로 $13 < a + b \le 14$ …… ㉡

㉠, ㉡에서 $b = a + 4$이므로

$13 < 2a + 4 \le 14$

$9 < 2a \le 10$

$\frac{9}{2} < a \le 5$

a가 자연수이므로 $a = 5$이고 $b = 9$이다.

따라서 $a^2 + b^2 = 25 + 81 = 106$이다.

12) 정답 ④

[출제자 : 이소영T]

[그림 : 서태욱T]

[검토자 : 김수T]

$y = g(x)$가 실수 전체에서 연속이 되기 위해서는 아래 그림과 같이 $y = f(x)$와 $y = -2f(x) + 6x - 15$의 교점의 x좌표가 a, $a + 2$가 되어야 한다.

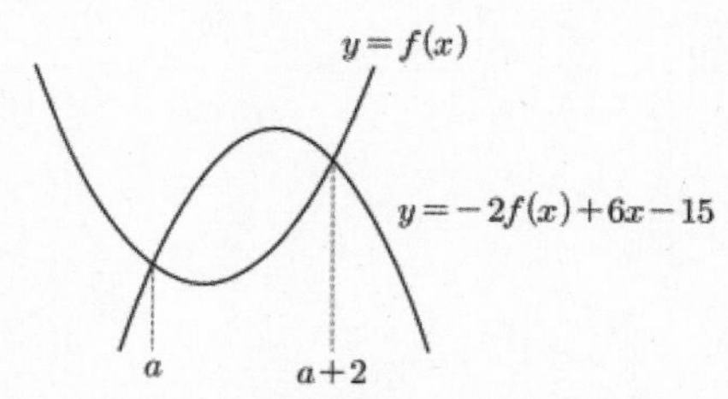

따라서 $f(x) = -2f(x) + 6x - 15$의 해가 $x = a$ 또는 $x = a + 2$이고, $f(x)$의 최고차항의 계수가 1이므로

$3f(x) - 6x + 15 = 3(x - a)(x - a - 2)$

$f(x) - 2x + 5 = x^2 - (2a + 2)x + a^2 + 2a$

$f(x) = x^2 - 2ax + a^2 + 2a - 5$ ……㉠

$y = f(x)$의 대칭축은 $x = a$

$y = -2f(x) + 6x - 15$의 대칭축은 $x = a + \frac{3}{2}$이므로 $g(x)$를 그리면 아래와 같다.

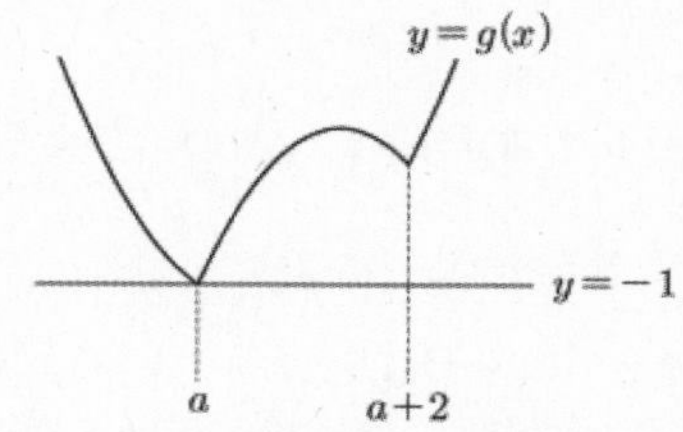

방정식 $g(x) = -1$의 실근의 개수가 1개이므로 $(a, -1)$을 $y = g(x)$가 지난다.

$g(a) = f(a) = -1$이므로 ㉠에 대입하면

$a^2 - 2a^2 + a^2 + 2a - 5 = -1$이고 $a = 2$이다.

따라서 $g(x) = \begin{cases} f(x) & (x \le 2 \text{ 또는 } x \ge 4) \\ -2f(x) + 6x - 15 & (2 \le x \le 4) \end{cases}$이고,

$f(x) = x^2 - 4x + 3$임을 알 수 있다.

$g\left(\frac{5}{2}\right)$의 값을 구하면 $-2f\left(\frac{5}{2}\right) + 15 - 15 = -2f\left(\frac{5}{2}\right) = \frac{3}{2}$이다.

13) 정답 ②

[그림 : 이정배T]

[검토자 : 김영식T]

$\overline{BC} = x$라 하면 $\overline{AB} = 4x$이다.

삼각형 ABC에서 코사인법칙을 적용하면

$(\sqrt{3})^2 = (4x)^2 + x^2 - 2 \times 4x \times x \times \cos\frac{2}{3}\pi$

$3 = 16x^2 + x^2 + 4x^2$

$x^2 = \frac{1}{7}$

$\therefore\ x = \frac{\sqrt{7}}{7}$

따라서 $\overline{BC} = \frac{\sqrt{7}}{7}$, $\overline{AB} = \frac{4\sqrt{7}}{7}$

$\angle ACB = \theta$라 하고 코사인법칙을 적용하면

$$\cos\theta = \frac{(\sqrt{3})^2 + \left(\frac{\sqrt{7}}{7}\right)^2 - \left(\frac{4\sqrt{7}}{7}\right)^2}{2\times\sqrt{3}\times\frac{\sqrt{7}}{7}} = \frac{3+\frac{1}{7}-\frac{16}{7}}{\frac{2\sqrt{21}}{7}} = \frac{3}{\sqrt{21}}$$

$\therefore\ \tan\theta = \frac{2\sqrt{3}}{3}$

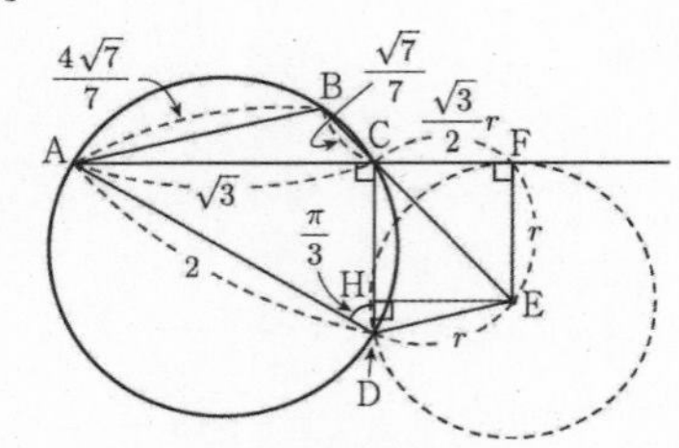

$\angle ECF = \theta$이고 점 E에서 직선 AC에 내린 수선의 발을 F라 하자.

$\overline{DE} = \overline{EF} = r$라 하면 직각삼각형 CEF에서

$\tan\theta = \frac{2\sqrt{3}}{3} = \frac{\overline{EF}}{\overline{CF}} = \frac{r}{\overline{CF}}$

$\therefore\ \overline{CF} = \frac{\sqrt{3}}{2}r$

사각형 ABCD는 원에 내접하므로 $\angle ADC = \frac{\pi}{3}$이다.

선분 AD가 원의 지름이므로 $\angle ACD = \frac{\pi}{2}$이다.

따라서 직각삼각형 ACD에서 $\overline{CD} = 1$이다.

점 E에서 선분 CD에 내린 수선의 발을 H라 하면

$\overline{EH} = \overline{CF} = \frac{\sqrt{3}}{2}r$, $\overline{DH} = 1-r$, $\overline{DE} = r$

피타고라스 정리를 적용하면

$\left(\frac{\sqrt{3}}{2}r\right)^2 + (1-r)^2 = r^2$

$\frac{3}{4}r^2 + 1 - 2r + r^2 = r^2$

$3r^2 - 8r + 4 = 0$, $(3r-2)(r-2) = 0$

$\therefore\ r = \frac{2}{3}$ ($\because\ \overline{AD} > \overline{DE}$)

14) 정답 ③

[그림 : 서태욱T]

[검토자 : 김종렬T]

최고차항의 계수가 1인 삼차함수 $g(x)$에 대하여 $x \ge 0$에서 $f(x) = g(x)$라 하자. 조건 (나)에서 모든 실수 x에 대하여 $f(x) = f(-x)$ 또는 $f(x) = -f(-x)$이므로 음수 x에 대하여 $f(x) = g(-x)$ 또는 $f(x) = -g(-x)$이다.

$x \ge 0$일 때, $f(x) = g(x)$이고 $x < 0$일 때, $f(x) = g(-x)$인 경우 함수 $f(x)$가 $x = 0$에서 미분가능하기 위해서는 $f'(0) = 0$이어야 한다. $f'(0) \ne 0$이라는 조건에 모순이다.

따라서 $f'(0) \ne 0$이려면 양수 a에 대하여 열린구간 $(-a, a)$에서 함수 $y = f(x)$의 그래프는 원점에 대하여 대칭이어야 한다.

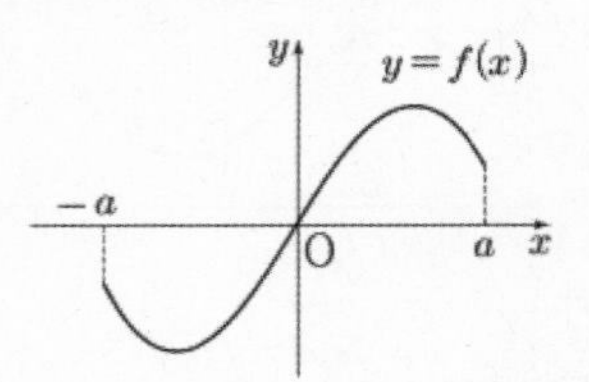

즉, $x \ge 0$일 때, $f(x) = g(x)$이고 $x < 0$일 때, $f(x) = -g(-x)$이다.

또한, 어떤 양수 b에 대하여

두 열린구간 $(-\infty, -b)$, (b, ∞)에서의 함수 $y = f(x)$의 그래프가 원점에 대하여 대칭이면 $x > b$일 때

$f(x) - f(-x) = 2f(x) = 2g(x)$에서 $x \to \infty$일 때, $2g(x) \to \infty$이므로

함수 $f(x) - f(-x)$가 $x = 1$에서 최댓값을 갖는다는 조건에 모순이다.

즉, 두 열린구간 $(-\infty, -b)$, (b, ∞)에서의 함수 $y = f(x)$의 그래프는 y축에 대칭이어야 한다.

따라서 $x > b$에서 $f(x) - f(-x) = 0$이다.

이때, 어떤 양수 c에 대하여 함수 $f(x)$가 $x = -c$의 좌우에서 $g(-x)$, $-g(-x)$로 달라지고, 함수 $f(x)$가 $x = -c$에서 연속이므로 $g(c) = -g(c)$에서 $g(c) = 0$이다.

두 함수 $y = g(-x)$, $y = -g(-x)$의 미분계수는 크기가 같고 부호가 서로 반대이다. 함수 $f(x)$가 $x = -c$에서 미분가능하므로 $g'(c) = 0$이다. 다라서 함수 $y = g(x)$의 그래프는 $x = c$에서 x축과 접하고, 함수 $y = f(x)$의 그래프의 개형은 다음과 같다.

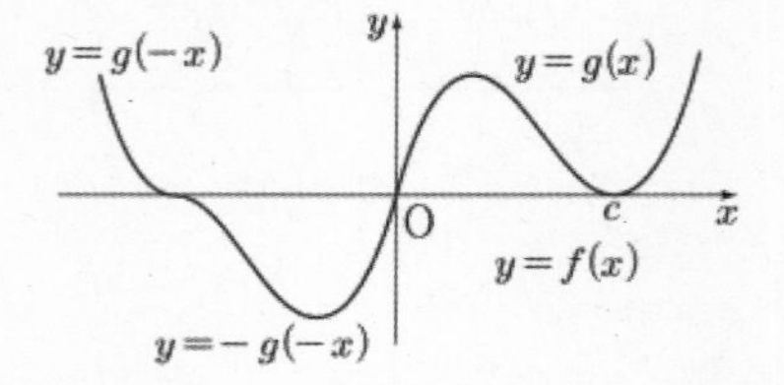

$g(x) = x(x-c)^2$이고

$x \ge 0$에서 $f(x) = g(x)$이고

함수 $f(x) - f(-x) = 2g(x)$가 $x = 1$에서 최댓값을 가지므로

함수 $g(x)$는 $x = 1$에서 극댓값을 갖는다.

즉, $g'(1) = 0$이다.

$g'(x) = (x-c)^2 + 2x(x-c)$

$g'(1) = (1-c)^2 + 2(1-c) = 0$

$(1-c)(3-c) = 0$

$\therefore\ c = 3$이다.

따라서 $g(x) = x(x-3)^2$이므로

$x \ge 0$일 때, $f(x) = x(x-3)^2$이다. $f(1) = 4$이므로

함수 $f(x)$의 최솟값은 $-f(1) = -4$이다.

15) 정답 ③

[출제자 : 이호진T]

[검토자 : 김진성T]

(나)의 식에 $n=2$를 대입하면

$a_2 = 1+m$이고,

$n=3$을 대입하면

$a_2+a_3=2m-1$이다. 이를 (가)에 대입하면

$a_1 = 1-m$이다.

$n \geq 3$일 때, (나)에서

$\sum_{k=2}^{n} a_k = \frac{(n-1)(-3n+2m+8)}{2}$ …… ㉠

㉠의 n에 $n-1$을 대입하면

$\sum_{k=2}^{n-1} a_k = \frac{(n-2)(-3n+2m+11)}{2}$ …… ㉡

이고

㉠-㉡을 하면 $a_n = -3n+m+7$이다.

(다)에서

$\sum_{n=1}^{2}(a_n - a_{10-n}) = (a_1-a_9)-(a_2-a_8)=0$

$(1-m)-a_9+(1+m)-a_8=0$이다.

$a_9 = m-20,\ a_8 = m-17$에서

$2-(m-20)-(m-17)=0$에서 $m=\frac{39}{2}$이고, $a_2=\frac{41}{2}$이다.

16) 정답 2

[검토자 : 최현정T]

$f(0)=1$이므로 $b=1$

$f'(x)=2x+a$에서 $f'(0)=1$에서 $a=1$

따라서 $a^2+b^2=2$이다.

17) 정답 23

[검토자 : 최현정T]

$a_2-a_1=4$

$a_3-a_2=5$

$a_4-a_3=6$

$a_5-a_4=7$

$\therefore a_5 = a_4+7=(a_3+6)+7=10+6+7=23$

18) 정답 12

[검토자 : 최현정T]

주어진 함수의 주기는 $\frac{2\pi}{|b|}=\frac{2\pi}{3}$이므로

$b=3$ ($\because b>0$)

$-1 \leq sinbx \leq 1,\ a>0$

$-a+c \leq a\sin bx+c \leq a+c$

따라서 함수 $f(x)$의 최댓값은 $a+c=5$,

최솟값은 $-a+c=3$ 이다.

$\therefore a=1,\ c=4 \quad \therefore abc=12$

19) 정답 22

[검토자 : 최현정T]

조건(나)에서 양의 정수 a와 두 정수 b와 c에 대하여

$f(x)-8=(x-a)^2(x^2+bx+c)$라 할 수 있다.

그러면 $\lim_{x\to a}\frac{f(x)-8}{(x-a)^2 f(x)} = \lim_{x\to a}\frac{(x-a)^2(x^2+bx+c)}{(x-a)^2\{(x-a)^2(x^2+bx+c)+8\}}$

$=\frac{a^2+ab+c}{8}=1$ 이고 $a^2+ab+c=8$이다.

조건(가)에서 $f(1)=(1-a)^2(1+b+c)+8=12$이고

$(1-a)^2(1+b+c)=4$ 이다.

조건(가)와 조건(나)에서

$a=2$이고 $b+c=3$, $2b+c=4$ 일 때만 양의 정수 a와

두 정수 b와 c를 갖고 이때 $b=1, c=2$가 된다.

따라서 함수$f(x)=(x-2)^2(x^2+x+2)+8$를 얻고 $f(3)=22$

20) 정답 6

[출제자 : 최성훈T]

[검토자 : 백상민T]

원점에서 출발하였으므로 두 점 P, Q의 시각 t에서의 위치는 각각

$x_P(t)=\frac{1}{3}t^3+\frac{k}{2}t^2+5t,\ x_Q(t)=2t$

이다. 시각 $t=a$에서 만나므로

$\frac{1}{3}a^3+\frac{k}{2}a^2+5a=2a,\ 2a^3+3ka^2+18a=0,\ a(2a^2+3ka+18)=0$

$a>0$이므로 $y=2x^2+3kx+18$에서 y절편이 18이므로 양,음근을

하나씩 가질 수 없으므로 축 $-\frac{3k}{2\times2}>0$이고 x축과 접해야 한다.

$D=(3k)^2-4\times2\times18=0$, 따라서 $k=\pm4$이고,

$k=-4$일 때, $2a^2+3ka+18=0$는 양의 중근을 가진다.

$2a^2-12a+18=0,\ 2(a-3)^2=0,\ a=3$

$k=-4$이고 3초 후에 만나므로 점 P가 출발 후 $t=3$까지

움직인 거리는 다음과 같다.

$$\int_0^3 |v_P(t)|dt = \int_0^3 |t^2-4t+5|dt$$

$$=\left[\frac{1}{3}t^3-2t^2+5t\right]_0^3$$

$$=6$$

21) **정답** 15

[출제자 : 김종렬T]

[그림 : 서태욱T]

[검토자 : 황보성호T]

$f(n)=1$이려면 곡선 $y=|5^{2-x}-a|$와 직선 $y=n$이 제1사분면에서 한 점에서만 만나야 한다.

$g(x)=|5^{2-x}-a|$라 하면 곡선 $y=g(x)$의 점근선은 $y=a$ ($\because$ $a>0$)이고,

$g(0)=|5^2-a|=|25-a|$이므로 함수 $y=g(x)$의 그래프는 a의 값의 범위에 따라 다음과 같다.

(i) $25-a>a$, 즉 $a<\frac{25}{2}$일 때

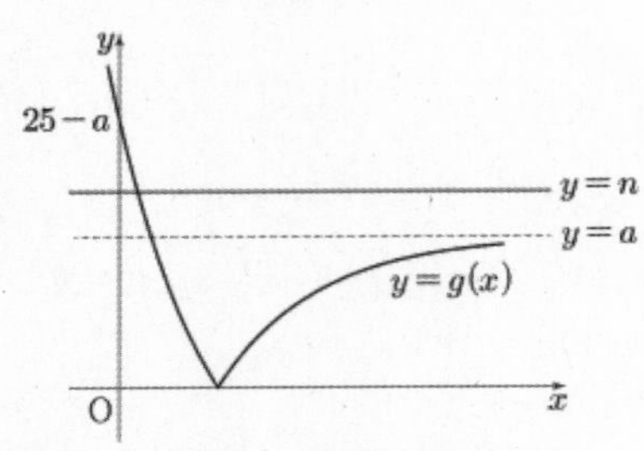

$f(n)=1$인 n의 개수가 1이상이고 5이하 이려면

$$1 \le (25-a)-a \le 5$$

이어야 한다.

$$\therefore\ 10 \le a \le 12$$

(ii) $25-a=a$, 즉 $a=\frac{25}{2}$이고 자연수 a의 조건에 어긋난다.

(iii) $25-a<a$, 즉 $a>\frac{25}{2}$일 때

(iii)-① $25-a \ge 0$, $a \le 25$일 때

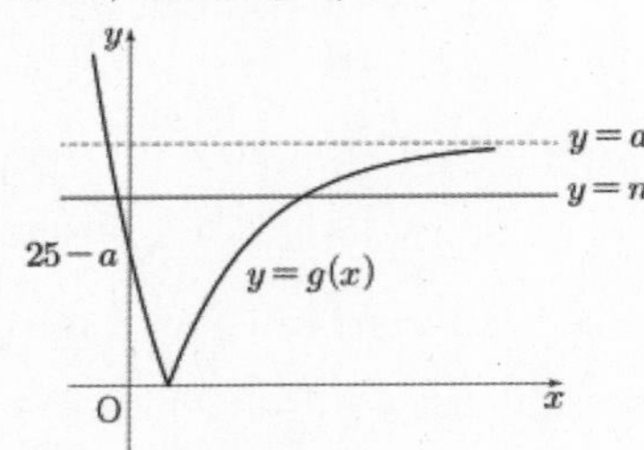

$1 \le a-(25-a) \le 5$, $1 \le 2a-25 \le 5$

$\therefore\ 13 \le a \le 15$

(iii)-② $25-a<0$, $a>25$일 때는 아래 그림과 같이 $f(n)=1$을 만족시키는 자연수 n의 개수가 1이상이고 5이하가 되도록 하는 조건을 만족하지 않는다.

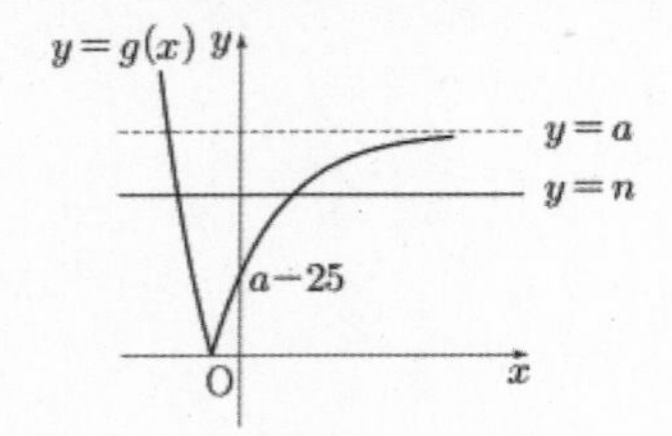

따라서 구하는 자연수 a의 값은 $10, 11, 12, 13, 14, 15$이며, $y=|5^{2-x}-a|$와 $x=1$과의 교점의 y좌표는 각각 $5, 6, 7, 8, 9, 10$이다. 따라서 최댓값과 최솟값의 합은 $5+10=15$

22) **정답** 17

[검토자 : 강동희T]

$|g(x)-3x|=|f(x)|$에서

$g(x)-3x=f(x)$ 또는 $g(x)-3x=-f(x)$이므로 어떤 실수 k에 대하여 함수 $g(x)$는

$g(x)=\begin{cases} f(x)+3x & (x \le k) \\ -f(x)+3x & (x>k) \end{cases}$ 또는 $g(x)=\begin{cases} -f(x)+3x & (x \le k) \\ f(x)+3x & (x>k) \end{cases}$

이다.

(i) $g(x)=\begin{cases} f(x)+3x & (x \le k) \\ -f(x)+3x & (x>k) \end{cases}$ 일 때,

$g'(x)=\begin{cases} f'(x)+3 & (x<k) \\ -f'(x)+3 & (x>k) \end{cases}$ 이다.

① $k \ge 3$이면 $g'(-2)=g'(3)=0$에서 $f'(-2)=f'(3)=-3$이다. $f'(4)=-3$이므로 모순이다.

② $-2<k<3$이면 $f'(-2)=-3$, $f'(3)=3$이다. $f'(4)=-3$이므로 양수 a에 대하여 $f'(x)=a(x+2)(x-4)-3$이라 할 수 있다.

$f'(3)=-5a-3=3$에서 $a=-\frac{6}{5}$으로 모순이다.

③ $k \le -2$이면 $f'(-2)=f'(3)=3$이다. $f'(4)=-3$이므로 양수 a에 대하여 $f'(x)=a(x+2)(x-3)+3$라 할 수 있다. $f'(4)=6a+3=-3$에서 $a=-1$로 모순이다.

(ii) $g(x)=\begin{cases} -f(x)+3x & (x \le k) \\ f(x)+3x & (x>k) \end{cases}$ 일 때,

$g'(x)=\begin{cases} -f'(x)+3 & (x<k) \\ f'(x)+3 & (x>k) \end{cases}$ 이다.

① $k \ge 3$이면 $g'(-2)=g'(3)=0$에서 $f'(-2)=f'(3)=3$이다. $f'(4)=-3$이므로 양수 a에 대하여 $f'(x)=a(x+2)(x-3)+3$이라 할 수 있다. $f'(4)=6a+3=-3$에서 $a=-1$로 모순이다.

② $-2<k<3$이면 $f'(-2)=3$, $f'(3)=-3$이다. $f'(4)=-3$이므로 양수 a에 대하여 $f'(x)=a(x-3)(x-4)-3$이라 할 수 있다.

$f'(-2)=30a-3=3$에서 $a=\frac{1}{5}$이다.

$\therefore\ f'(x)=\frac{1}{5}(x-3)(x-4)-3$

③ $k \le -2$이면 $f'(-2)=f'(3)=-3$이다. $f'(4)=-3$이므로 모순이다.

(i), (ii)에서 $-2<k<3$인 실수 k에 대하여

$g(x)=\begin{cases}-f(x)+3x & (x \le k) \\ f(x)+3x & (x>k)\end{cases}$, $g'(x)=\begin{cases}-f'(x)+3 & (x<k) \\ f'(x)+3 & (x>k)\end{cases}$ 이고

$f'(x)=\frac{1}{5}(x-3)(x-4)-3$이다.

함수 $g(x)$가 실수 전체의 집합에서 미분가능하므로
함수 $g'(x)$가 $x=k$에서 연속이다. 따라서 $f'(k)=0$이다.

따라서 $f'(x)=\frac{1}{5}x^2-\frac{7}{5}x-\frac{3}{5}$에서 $f'(k)=0$

$k^2-7k-3=0$

에서 $-2<k<3$이므로 $k=\frac{7-\sqrt{61}}{2}$이다.

$k<0$이므로 $g'(0)=f'(0)+3=-\frac{3}{5}+3=\frac{12}{5}$

$p=5$, $q=12$이므로 $p+q=17$이다.

확률과통계

[출제자:황보백T]

23) 정답 ③

[검토자 : 한정아T]

${}_5P_2 \times {}_5H_2=20\times15=300$

24) 정답 ⑤

[검토자 : 한정아T]

여사건의 확률을 이용하자.

전체 경우의 수$={}_8C_3\times{}_5C_3\times{}_2C_2\times\frac{1}{2!}=280$

A, B가 3명인 조에 속하는 경우의 수

$={}_6C_1\times{}_5C_3\times{}_2C_2=60$

A, B가 2명인 조에 속하는 경우의 수

$={}_6C_3\times{}_3C_3\div2!=10$

A, B가 같은 조에 속할 확률$=\frac{60+10}{280}=\frac{1}{4}$

따라서 A, B가 다른 조에 속할 확률은 $1-\frac{1}{4}=\frac{3}{4}$

25) 정답 ⑤

[검토자 : 한정아T]

확률변수 X는 이항분포 $B\left(16, \frac{1}{2}\right)$을 따르므로

$E(X)=16\times\frac{1}{2}=8$

상금의 기댓값은 $E(20X)$원이므로

$E(20X)=20E(X)=160$

따라서 구하는 상금의 기댓값은 160원이다.

26) 정답 ③

[검토자 : 한정아T]

사건 A를 만족하는 확률 $P(A)=\frac{1}{3}$ ($\because A=\{1, 3\}$)이다.

사건 B를 만족하는 확률 $P(B)$라 하면,
독립사건일 때, $P(A\cap B)=P(A)P(B)$이므로

(i) $n=1$일 때,

$P(B)=\frac{1}{6}$, $P(A\cap B)=\frac{1}{6}$

따라서 만족하지 않는다.

(ii) $n=2$일 때,

$P(B)=\frac{1}{3}$, $P(A\cap B)=\frac{1}{6}$

따라서 만족하지 않는다.

(iii) $n=3$일 때,

$P(B)=\frac{1}{3}$, $P(A\cap B)=\frac{1}{3}$

따라서 만족하지 않는다.

(iv) $n=4$일 때,

$P(B)=\frac{1}{2}$, $P(A\cap B)=\frac{1}{6}$

따라서 $P(A\cap B)=P(A)P(B)$을 만족한다.

(v) $n=5$일 때,

$P(B)=\frac{1}{3}$, $P(A\cap B)=\frac{1}{6}$

따라서 만족하지 않는다

(vi) $n=6$일 때,

$P(B)=\frac{2}{3}$, $P(A\cap B)=\frac{1}{3}$

따라서 만족하지 않는다

(i)~(vi)에 의해 만족하는 n의 값은 4이다.

27) 정답 ③

[검토자 : 한정아T]

100개의 아이스크림 중 A회사 아이스크림의 개수를 X라 두면

$X\sim B\left(100, \frac{1}{10}\right)$을 따른다.

n이 충분히 크므로 $m=100\times\frac{1}{10}=10$,

$\sigma^2=100\times\frac{1}{10}\times\frac{9}{10}=9=3^2$

에서 $X\sim N(10, 3^2)$가 된다.

$P(X\ge13)=P\left(Z\ge\frac{13-10}{3}\right)=P(Z\ge1)$

$=0.5-P(0\le Z\le1)=0.5-0.3413=0.1587$

28) **정답** ⑤

[출제자 : 정일권T]

[검토자 : 이지훈T]

a_5가 홀수이려면 a_4의 개수가 짝수이므로 다섯 번째 6의 약수가 나오지 않으면 된다.

a_4가 4인 경우는 6의 약수가 0번인 경우 즉 1, 1, 1, 1 …… ㉠

a_4가 6인 경우는 6의 약수가 2번인 경우 즉 1, 1, 2, 2 …… ㉡

a_4가 8인 경우는 6의 약수가 4번인 경우 즉 2, 2, 2, 2 …… ㉢

따라서 a_4가 짝수이고 a_5가 홀수일 확률은

$${}_4C_0\left(\frac{1}{3}\right)^4\times\frac{1}{3}+{}_4C_2\left(\frac{2}{3}\right)^2\left(\frac{1}{3}\right)^2\times\frac{1}{3}+{}_4C_4\left(\frac{2}{3}\right)^4\times\frac{1}{3}$$

$$=\frac{1}{3^5}+\frac{24}{3^5}+\frac{16}{3^5}=\frac{41}{3^5}$$

$$=\frac{41}{243}$$

29) **정답** 16

[출제자 : 이호진T]

[검토자 : 조남웅T]

건전지의 수명의 분포를 X라 하였을 때,

$N(m,\ \sigma^2)\sim X$이고, $n=289$이므로

건전지 수명의 표본평균의 분포를 $\overline{X}$라 하였을 때,

$N\left(m,\ \left(\frac{\sigma}{17}\right)^2\right)\sim\overline{X}$임을 알 수 있다.

여기서 신뢰도 99.94%의 신뢰구간을 추정하면

$\alpha=m-3.4\times\frac{\sigma}{17}$, $\beta=m+3.4\times\frac{\sigma}{17}$이므로

$m+\beta-\alpha=m+2\times(3.4)\times\frac{\sigma}{17}$이다.

이때, 공장에서 생성된 건전지 중 1개를 선택하므로

건전지의 수명의 분포 X에 의하여 $N(m,\ \sigma^2)\sim X$에서

$P(X\le m+\beta-\alpha)=P\left(X\le m+\frac{4}{10}\sigma\right)=P\left(X\ge m-\frac{4}{10}\sigma\right)$이므로

$P\left(Z\ge\frac{k}{10}\right)=p$와의 비교에서 $k=-4$이고, $k^2=16$이다.

[랑데뷰 팁]

주어진 문항은 건전지의 수명의 분포 X로부터 표본평균의 분포 $\overline{X}$를 구하여 미지수 α, β를 구한 후 다시 확률 p를 계산하기 위해 모 분포인 X를 통한 계산을 해낼 수 있는가를 묻고 있다. 특히, '이 공장에서 생성된 건전지'라는 문구는 표본평균의 분포를 통한 관례적 계산이 아닌 출제자의 질의를 정확히 이해하였는가를 묻는 문항으로 '이 공장에서 생성된 건전지 중 1개를 선택하여 수명이 $m+\beta-\alpha$이하일 확률'이 $P(X\le m+\beta-\alpha)$이므로 문장에 해당하는 확률변수의 선택과 해당 분포의 비교에서 주의가 필요하다. 통계적 추정의 문항에서 두 가지 이상의 분포가 구성되는 경우 주어진 문장 해결을 위한 적절한 분포 적용을 고려할 것.

30) **정답** 720

[출제자 : 최성훈T]

[검토자 : 안형진T]

빨간 볼펜을 A, 파란 볼펜을 B, 검정 볼펜을 C라 하자.

i) 양 끝에 A가 없는 경우

BBBCCCC 를 나열하는 경우의 수 $\frac{7!}{3!4!}=35$

[B]BCCCC[B] 양 끝에 B가 오는 경우의 수 $\frac{5!}{4!1!}=5$

[C]BBBCC[C] 양 끝에 C가 오는 경우의 수 $\frac{5!}{3!2!}=10$

따라서 양 끝에 같은 색이 오지 않도록 BBBCCCC를 나열하는 경우의 수는 $35-(5+10)=20$

이때 양 끝이 아닌 곳에 A 두 개를 이웃하지 않게 배열하는 경우의 수는 ${}_6C_2=15$이므로

$\therefore\ 20\times15=300$

ii) 한쪽 끝에만 A가 오는 경우

제일 앞에 A가 올 때,

[A]BBBCCCC, BBBCCCC 를 나열하는 경우의 수는 $\frac{7!}{3!4!}=35$

이때 남은 A를 배열하는 경우의 수는 6 이므로

$35\times6=210$ (가지)

제일 뒤에 A가 올 때,

BBBCCCC[A], BBBCCCC 를 나열하는 경우의 수는 $\frac{7!}{3!4!}=35$

이때 남은 A를 배열하는 경우의 수는 6 이므로

$35\times6=210$ (가지)

$\therefore\ 210+210=420$

i)~ii)에서 $300+420=720$ (가지)

미적분

[출제자:황보백T]

23) 정답 ①

[검토자 : 최혜권T]

$\frac{2\tan\theta}{1+\tan^2\theta}=\frac{2\tan\theta}{\sec^2\theta}=2\tan\theta cos^2\theta=2\sin\theta cos\theta=\sin2\theta=\frac{1}{3}$

24) 정답 ②

[검토자 : 최혜권T]

$\sum_{n=1}^{\infty}a_n$이 수렴하므로 $\sum_{n=1}^{\infty}a_n=\alpha$ (α는 상수)로 놓을 수 있다.

이때 $\sum_{n=1}^{\infty}a_{n+k}=\sum_{n=1}^{\infty}a_n-\sum_{n=1}^{k}a_n=2k$이므로

$\sum_{n=1}^{k}a_n=\alpha-2k$

따라서

$a_5=\sum_{n=1}^{5}a_n-\sum_{n=1}^{4}a_n$

$=(\alpha-10)-(\alpha-8)$

$=-2$

25) 정답 ②

[그림 : 최성훈T]

[검토자 : 최혜권T]

$1\le t\le e$일 때 단면의 넓이를 $S(t)$라 하면

$\overline{PQ}=\ln t$, $\overline{PS}=t$

이므로

$S(t)=t\ln t$ $(1\le t\le e)$

따라서 구하는 입체도형의 부피는 부분적분법에 의하여

$\int_1^e S(t)dt=\int_1^e t\ln t\,dt$

$=\left[\frac{1}{2}t^2\ln t\right]_1^e-\int_1^e\left(\frac{1}{2}t^2\times\frac{1}{t}\right)dt$

$=\frac{1}{2}e^2-\left[\frac{1}{4}t^2\right]_1^e$

$=\frac{1}{2}e^2-\frac{1}{4}e^2+\frac{1}{4}$

$=\frac{1}{4}e^2+\frac{1}{4}$

26) 정답 ④

[검토자 : 최혜권T]

조건 (가)에서

$\sqrt{n^2+16n}-n<\frac{4a_n-nb_n}{n^2}<\frac{8n^2+n}{n^2}$

이때

$\lim_{n\to\infty}\left(\sqrt{n^2+16n}-n\right)=\lim_{n\to\infty}\frac{\left(\sqrt{n^2+16n}-n\right)\left(\sqrt{n^2+16n}+n\right)}{\sqrt{n^2+16n}+n}$

$=\lim_{n\to\infty}\frac{n^2+16n-n^2}{\sqrt{n^2+16n}+n}$

$=\lim_{n\to\infty}\frac{16n}{\sqrt{n^2+16n}+n}$

$=\lim_{n\to\infty}\frac{16}{\sqrt{1+\frac{16}{n}}+1}$

$=\frac{16}{\sqrt{1+0}+1}=8$

이고, $\lim_{n\to\infty}\frac{8n^2+n}{n^2}=8$이므로

수열의 극한의 대소 관계에 의하여

$\lim_{n\to\infty}\frac{4a_n-nb_n}{n^2}=8$ …… ㉠

또 조건 (나)에서 $\lim_{n\to\infty}\frac{a_n}{2n^2+n+1}=3$이므로

$\lim_{n\to\infty}\frac{4a_n}{n^2}=\lim_{n\to\infty}\left(4\times\frac{a_n}{2n^2+n+1}\times\frac{2n^2+n+1}{n^2}\right)$

$=4\times\lim_{n\to\infty}\frac{a_n}{2n^2+n+1}\times\lim_{n\to\infty}\frac{2n^2+n+1}{n^2}$

$=4\times3\times2=24$ …… ㉡

㉠, ㉡에 의하여

$\lim_{n\to\infty}\frac{b_n}{n}=\lim_{n\to\infty}\left(\frac{4a_n}{n^2}-\frac{4a_n-nb_n}{n^2}\right)$

$=\lim_{n\to\infty}\frac{4a_n}{n^2}-\lim_{n\to\infty}\frac{4a_n-nb_n}{n^2}$

$=24-8=16$

따라서

$\lim_{n\to\infty}\frac{b_n}{6n-1}=\lim_{n\to\infty}\left(\frac{b_n}{n}\times\frac{n}{6n-1}\right)$

$=\lim_{n\to\infty}\frac{b_n}{n}\times\lim_{n\to\infty}\frac{n}{4n-1}$

$=16\times\frac{1}{4}$

$=4$

27) 정답 ②

[검토자 : 최혜권T]

원점을 지나고 곡선 $y=e^x+\frac{1}{e^t}$에 접하는 접선과 곡선

$y=e^x+\frac{1}{e^t}$이 만나는 접점을 $\left(p,\ e^p+\frac{1}{e^t}\right)$라 하자.

접선의 기울기 $f(t)$는 $y'=e^x$에서 $f(t)=e^p$이고 …… ㉠

원점과 점 $\left(p,\ e^p+\frac{1}{e^t}\right)$을 지나는 직선의 기울기도 $f(t)$이므로

$f(t)=\frac{e^p+\frac{1}{e^t}}{p}$이다. …… ㉡

$f(a)=e^{\frac{5}{2}}$이므로 ㉠에서 $p=\frac{5}{2}$이다.

㉡에서 $f(a)=\frac{e^{\frac{5}{2}}+e^{-a}}{\frac{5}{2}}=e^{\frac{5}{2}}$이므로 $e^{-a}=\frac{3}{2}e^{\frac{5}{2}}$이다.

㉡에서 $f'(t)=\frac{-e^{-t}}{\frac{5}{2}}$이므로

$f'(a)=-\frac{2}{5}e^{-a}=-\frac{2}{5}\times\left(\frac{3}{2}e^{\frac{5}{2}}\right)=-\frac{3}{5}e^{\frac{5}{2}}$이다.

28) 정답 ⑤

[출제자 : 이소영T]

[그림 : 서태욱T]

[검토자 : 서영만T]

(가) $\lim_{x\to1}\frac{1}{x-1}\int_x^{x+4}g'(t)dt=4$

$\lim_{x\to1}\frac{1}{x-1}[g(t)]_x^{x+4}=\lim_{x\to1}\frac{g(x+4)-g(x)}{x-1}=4$이므로

$g(5)=g(1)$이고, $\lim_{x\to1}\frac{\{g(x+4)-g(5)\}-\{g(x)-g(1)\}}{x-1}=4$이므로

$g'(5)-g'(1)=4$이다.

$g(5)=g(1)$이므로 $g(x)=e^{f(x)}$에 대입하면 $e^{f(5)}=e^{f(1)}$이므로

$f(5)=f(1)$이다.

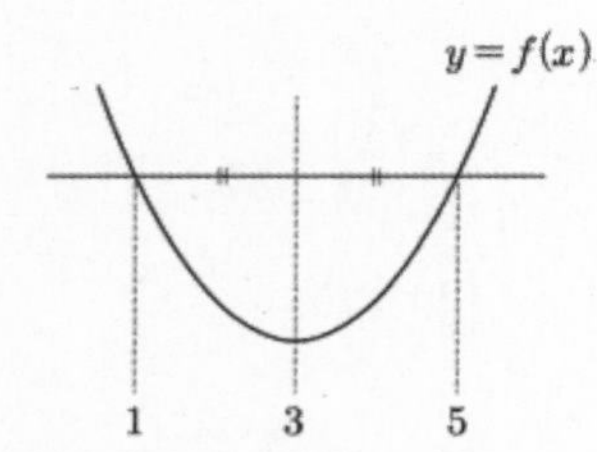

$f(x)=a(x-3)^2+b\ (a>0)$이다.

또, $g'(5)-g'(1)=4$이므로

$g'(x)=f'(x)e^{f(x)}=2a(x-3)e^{a(x-3)^2+b}$에 대입하면

$4ae^{4a+b}+4ae^{4a+b}=4$이다.

(나)조건에서 $f(1)=0$이므로 $f(1)=4a+b=0$이고, $8ae^0=4$,

$a=\frac{1}{2}$, $b=-2$이다.

따라서 $f(x)=\frac{1}{2}(x-3)^2-2=\frac{1}{2}x^2-3x+\frac{5}{2}$이다.

$\int_5^6(x-3)\{g(x)\}^2dx$

$=\left[\left(\frac{1}{2}x^2-3x\right)\{g(x)\}^2\right]_5^6-\int_5^6\left(\frac{1}{2}x^2-3x\right)2g(x)g'(x)dx$

$=\left(\frac{36}{2}-18\right)\{g(6)\}^2-\left(\frac{25}{2}-15\right)\{g(5)\}^2$

$-\int_5^6(x^2-6x)e^{f(x)}f'(x)e^{f(x)}dx$

$=\frac{5}{2}-\int_5^6(x^2-6x)(x-3)e^{x^2-6x+5}dx$ …… ㉠

($\because f(1)=f(5)=0$에서 $g(5)=1$)

따라서

$\int_5^6(x^2-6x)(x-3)e^{x^2-6x+5}dx$

$x^2-6x=X$라 하면 $2x-6=\frac{dX}{dx}$이므로

$=\frac{1}{2}\int_{-5}^0Xe^{X+5}dX$

$=\frac{1}{2}\left[Xe^{X+5}-e^{X+5}\right]_{-5}^0$

$=\frac{1}{2}\{(0-e^5)-(-5-1)\}$

$=\frac{1}{2}(-e^5+6)$

$=-\frac{1}{2}e^5+3$

이다. ㉠에서

$=\frac{5}{2}-\left(-\frac{1}{2}e^5+3\right)=\frac{e^5-1}{2}$

[다른 풀이] - 서영만T

(가)에 의해 $g(5)=g(1)$ …… ㉠ 이고 $g'(5)=g'(1)+4$ …… ㉡

이다.

㉠에서 $f(5)=f(1)=0$이므로

$f(x)=a(x-1)(x-5)\ (a>0)$라 하면

$f'(5)=4a$, $f'(1)=-4a$이다

$g'(x)=e^{f(x)}f'(x)$에서 ㉡에 의해

$e^{f(5)}f'(5)=e^{f(1)}f'(1)+4$

$4a=-4a+4$

$\therefore\ a=\frac{1}{2}$

따라서 $f(x)=\frac{1}{2}(x-1)(x-5)=\frac{1}{2}(x-3)^2-2$

$\int_5^6 (x-3)\{g(x)\}^2 dx$

$= \int_5^6 (x-3)\left\{e^{\frac{1}{2}(x-3)^2 - 2}\right\}^2 dx$

$= \int_5^6 (x-3)e^{(x-3)^2} \times e^{-4} dx$

$= \frac{1}{e^4}\int_5^6 (x-3)e^{(x-3)^2} dx$

$= \frac{1}{e^4}\int_2^3 te^{t^2} dt \quad (\because t = x-3)$

$= \frac{e^5-1}{2}$

29) **정답** 17

[그림 : 강민구T]

[검토자 : 오정화T]

이차함수 $f(x)$는 최고차항의 계수가 1이고 $x=-1$에서 최솟값을 가지므로 상수 k에 대하여 $f(x)=x^2+2x+k$라 할 수 있다.

따라서

$$g(x)=\begin{cases} x^2+2x+k & (x \le 0) \\ -x^2-2x-k & (x>0) \end{cases}$$

이다.

등비수열 $\{a_n\}$의 첫째항 a_1은 -2이하의 정수이고 공비를 r $(r<0)$이라 하면 $a_n = a_1 r^{n-1}$이다. 따라서 $a_n>0$이면 $a_{n+1}<0$이고 $a_n<0$이면 $a_{n+1}>0$이다.

한편, $\lim\limits_{n\to\infty}\left|a_1^2 r^{2n-2}(r^2+1)+2a_1 r^{n-1}(r+1)+2k\right|$에서 $r<-1$일 때 $\lim\limits_{n\to\infty} r^{2n-2}=\infty$이므로 발산이고

$r=-1$이면 수열 $\{a_n\}$의 항들이 a_1, $-a_1$, a_1, $\cdots$으로 2개의 고정값으로 $g(a_1)$의 값이 최솟값이면 $g(a_2)$의 값이 최댓값이고 $g(a_1)$의 값이 최댓값이면 $g(a_2)$의 값이 최솟값으로 최댓값이 존재한다. 따라서 $\lim\limits_{n\to\infty}\left|a_1^2 r^{2n-2}(r^2+1)+2a_1 r^{n-1}(r+1)+2k\right|$의 값이 수렴하기 위해서는 $-1<r<0$이어야 한다.

(i) $a_n>0$일 때,

$g(a_n)=-(a_n)^2-2a_n-k$

$\quad =-a_1^2 r^{2n-2}-2a_1 r^{n-1}-k$

$g(a_{n+1})=(a_{n+1})^2+2a_{n+1}+k$

$\quad =a_1^2 r^{2n}+2a_1 r^n+k$

따라서

$g(a_{n+1})-g(a_n)$

$=a_1^2 r^{2n-2}(r^2+1)+2a_1 r^{n-1}(r+1)+2k$

이므로 (가)에서

$\lim\limits_{n\to\infty}\left|g(a_{n+1})-g(a_n)\right|$

$=\lim\limits_{n\to\infty}\left|a_1^2 r^{2n-2}(r^2+1)+2a_1 r^{n-1}(r+1)+2k\right|$

$=8$

이기 위해서는 $-1<r<0$이고 $|2k|=8$이어야 한다.

따라서 $k=4$ 또는 $k=-4$이다.

(ii) $a_n<0$일 때,

$g(a_n)=(a_n)^2+2a_n+k$

$\quad =a_1^2 r^{2n-2}+2a_1 r^{n-1}+k$

$g(a_{n+1})=-(a_{n+1})^2-2a_{n+1}-k$

$\quad =-a_1^2 r^{2n}-2a_1 r^n-k$

따라서

$g(a_{n+1})-g(a_n)$

$=-a_1^2 r^{2n-2}(r^2+1)-2a_1 r^{n-1}(r+1)-2k$

이므로 (가)에서

$\lim\limits_{n\to\infty}\left|g(a_{n+1})-g(a_n)\right|$

$=\lim\limits_{n\to\infty}\left|-a_1^2 r^{2n-2}(r^2+1)-2a_1 r^{n-1}(r+1)-2k\right|$

$=8$

이기 위해서는 $-1<r<0$이고 $|-2k|=8$이어야 한다.

따라서 $k=4$ 또는 $k=-4$이다.

(i), (ii)에서 $k=4$ 또는 $k=-4$이다.

① $k=4$일 때,

$$g(x)=\begin{cases} x^2+2x+4 & (x \le 0) \\ -x^2-2x-4 & (x>0) \end{cases}$$

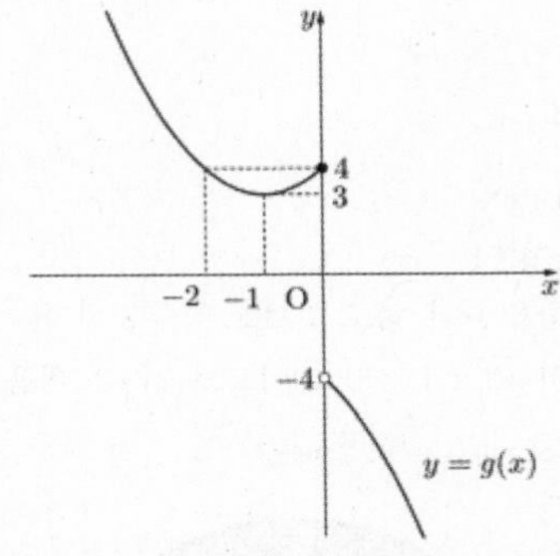

a_1의 값이 -2이하의 정수이므로 $g(a_1)\ge 4$이고, $-1<r<0$에서 $\lim\limits_{n\to\infty}|a_n|=0$이다.

따라서 $\lim\limits_{n\to\infty} g(a_n)=\pm 4$이므로 $g(a_1)$의 값이 최댓값이 되어 조건에 모순이다.

② $k=-4$일 때,

$$g(x)=\begin{cases} x^2+2x-4 & (x \le 0) \\ -x^2-2x+4 & (x>0) \end{cases}$$

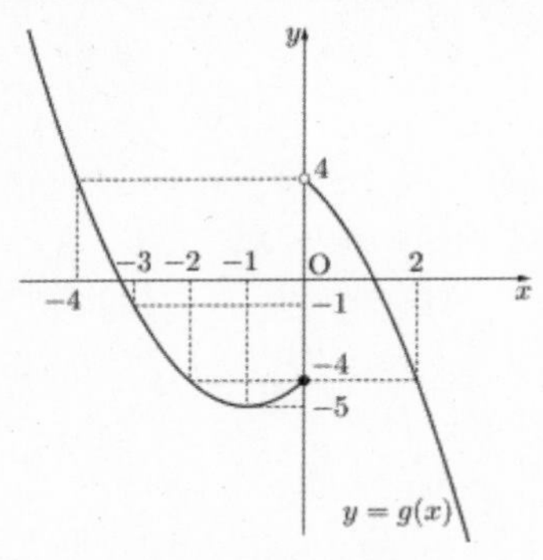

ⓐ $a_1=-2$이면 $g(a_1)=g(-2)=-4$

$0<a_2=-2r<2$으로 $-4<g(a_2)<4$ ($\because g(2)=-4$)으로

$g(a_2)\neq-4$이다.

ⓑ $a_1=-3$이면 $g(a_1)=g(-3)=-1$

$0<a_2=-3r<3$에서 $-11<g(a_2)<4$ ($\because g(3)=-11$)으로

$g(a_2)=-4$인 a_2가 존재한다.

$-a_2^2-2a_2+4=-4$

$a_2^2+2a_2-8=0$

$(a_2+4)(a_2-2)=0$

$\therefore\ a_2=2$

$-3r=2$에서 $r=-\dfrac{2}{3}$이다.

ⓒ $a_1\le-4$이면 $g(a_1)$의 값이 최댓값이 되어 조건에 모순이다.

따라서 $a_n=-3\left(-\dfrac{2}{3}\right)^{n-1}$이다.

$a_4=-3\times\left(-\dfrac{8}{27}\right)=\dfrac{8}{9}$

$p=9,\ q=8$이므로 $p+q=17$이다.

30) **정답** 69

[그림 : 이호진T]

[검토자 : 이소영T]

선분 AB의 중점을 O라 하고 $\angle\mathrm{OPC}=\alpha$라 하자.

삼각형 OPC에서 $\overline{\mathrm{OC}}=1,\ \overline{\mathrm{OP}}=3$이므로 사인법칙을 적용하면

$\dfrac{3}{\sin\theta}=\dfrac{1}{\sin\alpha}$에서 $\sin\alpha=\dfrac{\sin\theta}{3}$이다. …… ㉠

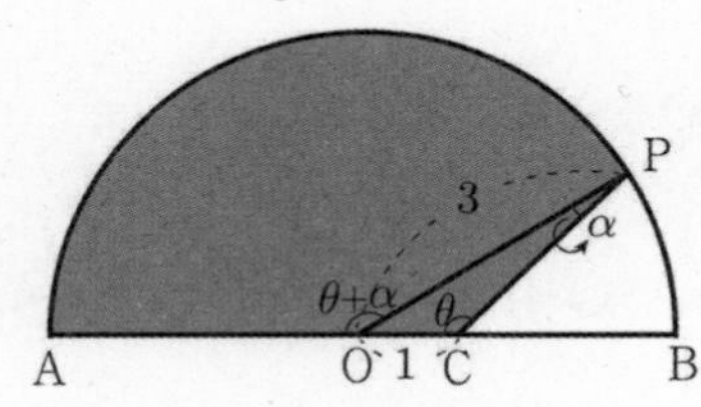

㉠에서 $\theta=\dfrac{3}{4}\pi$일 때, $\sin\alpha=\dfrac{\sqrt{2}}{6}$

$0<\alpha<\dfrac{\pi}{2}$이므로 $\cos\alpha=\dfrac{\sqrt{34}}{6}$이다.

㉠의 양변을 θ에 대하여 미분하면

$\cos\alpha\dfrac{d\alpha}{d\theta}=\dfrac{\cos\theta}{3}$

$\theta=\dfrac{3}{4}\pi$일 때, $\dfrac{\sqrt{34}}{6}\times\dfrac{d\alpha}{d\theta}=-\dfrac{\sqrt{2}}{6}$

$\therefore\ \dfrac{d\alpha}{d\theta}=-\dfrac{1}{\sqrt{17}}$

한편, $\angle\mathrm{AOP}=\theta+\alpha$이므로

부채꼴 AOP의 넓이는

$\dfrac{1}{2}\times3^2\times(\theta+\alpha)=\dfrac{9(\theta+\alpha)}{2}$

삼각형 OPC의 넓이는

$\dfrac{1}{2}\times3\times1\times\sin(\pi-\theta-\alpha)=\dfrac{3\sin(\theta+\alpha)}{2}$

이다. 따라서

$S(\theta)=\dfrac{9(\theta+\alpha)+3\sin(\theta+\alpha)}{2}$

이다.

$$S'(\theta)=\frac{9+9\dfrac{d\alpha}{d\theta}+3\cos(\theta+\alpha)\left(1+\dfrac{d\alpha}{d\theta}\right)}{2}$$

$$=3\left(1+\frac{d\alpha}{d\theta}\right)\frac{3+\cos(\theta+\alpha)}{2}$$

$\cos(\theta+\alpha)=\cos\theta\cos\alpha-\sin\theta\sin\alpha$에서

$\theta=\dfrac{3}{4}\pi$일 때, $\sin\alpha=\dfrac{\sqrt{2}}{6}$, $\cos\alpha=\dfrac{\sqrt{34}}{6}$이므로

$$\cos\left(\frac{3}{4}\pi+\alpha\right)=-\frac{\sqrt{2}}{2}\times\frac{\sqrt{2}}{6}-\frac{\sqrt{2}}{2}\times\frac{\sqrt{34}}{6}$$

$$=-\frac{2+2\sqrt{17}}{12}=-\frac{1+\sqrt{17}}{6}$$

따라서

$$S'\left(\frac{3}{4}\pi\right)=3\left(1-\frac{1}{\sqrt{17}}\right)\frac{3-\dfrac{1+\sqrt{17}}{6}}{2}$$

$$=3\left(\frac{17-\sqrt{17}}{17}\right)\left(\frac{17-\sqrt{17}}{12}\right)$$

$$=\frac{1}{68}(17-\sqrt{17})^2$$

$p=68,\ q=1$이므로 $p+q=69$이다.

기하

[출제자:황보백T]

23) 정답 ③

[검토자 : 함상훈T]

점 P(2, a)가 쌍곡선 $\frac{x^2}{a^2}-\frac{y^2}{9}=1$ 위의 점이므로

$\frac{4}{a^2}-\frac{a^2}{9}=1$

$a^4+9a^2-36=0$

$(a^2-3)(a^2+12)=0$

$a=\sqrt{3}$ ($\because$ $a>0$)

쌍곡선 $\frac{x^2}{3}-\frac{y^2}{9}=1$ 위의 점 $(2,\ \sqrt{3})$에서의 접선의 방정식은

$\frac{2}{3}x-\frac{\sqrt{3}}{9}y=1$

위의 직선이 x축과 만나는 점을 y좌표는 0이므로

$y=0$을 대입하면

$\frac{2}{3}x=1$

$x=\frac{3}{2}$

24) 정답 ②

[검토자 : 함상훈T]

점 A$(2a,\ b,\ a+b)$에서 xy평면에 내린 수선의 발 H의 좌표는 $(2a,\ b,\ 0)$

이때 H$(4,\ 1,\ 0)$이므로 $a=2,\ b=1$

따라서 A$(2a,\ b,\ a+2b)=(4,\ 1,\ 4)$

$\overline{\text{AH}}=|4-0|=4$

한편, $\overline{\text{OH}}=\sqrt{4^2+1^2+0^2}=\sqrt{17}$이고, $\overline{\text{OH}}\perp\overline{\text{AH}}$이므로

삼각형 OAH의 넓이는

$\frac{1}{2}\times\overline{\text{OH}}\times\overline{\text{AH}}=\frac{1}{2}\times\sqrt{17}\times4=2\sqrt{17}$

25) 정답 ④

[검토자 : 함상훈T]

점 A에서 선분 BC에 내린 수선의 발을 H라고 하면

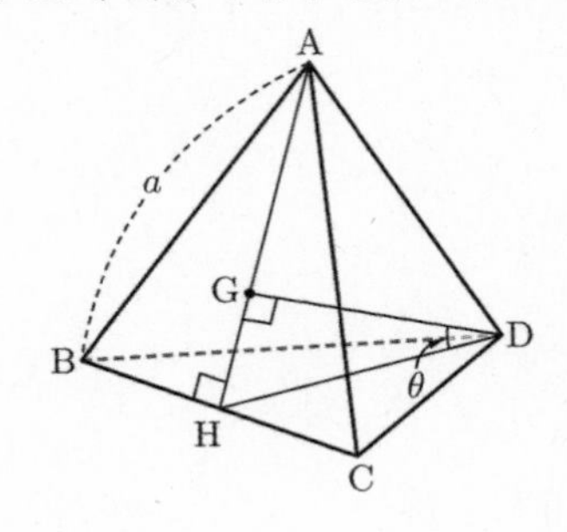

$\overline{\text{AH}}=\overline{\text{DH}}=\frac{\sqrt{3}}{2}a$

$\overline{\text{GH}}=\frac{1}{3}\overline{\text{AH}}=\frac{\sqrt{3}}{6}a$

또, 점 G가 삼각형 ABC의 무게중심이므로 $\overline{\text{DG}}\perp\overline{\text{AH}}$이다.

즉, 삼각형 DGH가 직각삼각형이므로

$\overline{\text{DG}}=\sqrt{\overline{\text{DH}}^2-\overline{\text{GH}}^2}=\sqrt{\left(\frac{\sqrt{3}}{2}a\right)^2-\left(\frac{\sqrt{3}}{6}a\right)^2}=\frac{\sqrt{6}}{3}a$

따라서 직각삼각형 DGH에서 $\angle\text{HDG}=\theta$이므로

$\cos\theta=\frac{\overline{\text{DG}}}{\overline{\text{DH}}}=\frac{\frac{\sqrt{6}}{3}a}{\frac{\sqrt{3}}{2}a}=\frac{2\sqrt{2}}{3}$

26) 정답 ②

[검토자 : 함상훈T]

(i) 직선 $y=mx+4$와 원$x^2+y^2=1$이 만나지 않을 때

원의 중심 $(0,\ 0)$과 직선$y=mx+4$,

즉 $mx-y+4=0$사이의 거리가 원의 반지름의 길이 1보다 커야 하므로

$\frac{|0-0+4|}{\sqrt{m^2+(-1)^2}}>1$

$\sqrt{m^2+1}<4$

$m^2+1<16$

$m^2-15<0$

$(m+\sqrt{15})(m-\sqrt{15})<0$

$-\sqrt{15}<m<\sqrt{15}$

(ii) 직선 $y=mx+4$와 타원 $x^2+2y^2=4$가 서로 다른 두 점에서 만날 때

$y=mx+4$를 $x^2+2y^2=4$에 대입하여 정리하면

$x^2+2(mx+4)^2=4$

$(2m^2+1)x^2+16mx+28=0$ …… ㉠

x에 대한 이차방정식 ㉠의 판별식을 D라 하면

$D>0$이어야 하므로

$\frac{D}{4}=64m^2-28(2m^2+1)>0$

$8m^2-28>0$

$\left(m+\frac{\sqrt{14}}{2}\right)\left(m-\frac{\sqrt{14}}{2}\right)>0$

$m<-\frac{\sqrt{14}}{2}$ 또는 $m>\frac{\sqrt{14}}{2}$

(i), (ii)에서

$-\sqrt{15}<m<-\frac{\sqrt{14}}{2}$ 또는 $\frac{\sqrt{14}}{2}<m<\sqrt{15}$

따라서 구하는 정수 m은 $-3,\ -2,\ 2,\ 3$이고, 그 개수는 4이다.

27) 정답 ⑤
[검토자 : 함상훈T]
직각삼각형 ABD에서
$\overline{BD}=\sqrt{\overline{AB}^2+\overline{AD}^2}=\sqrt{3^2+(3\sqrt{3})^2}=6$
즉, $\overline{MN}=\frac{1}{2}\times\overline{BD}=\frac{1}{2}\times 6=3$
직각삼각형 ABN에서 $\overline{BN}=4$이므로
$\overline{AN}=\sqrt{\overline{AB}^2+\overline{BN}^2}=\sqrt{3^2+4^2}=5$
한편, 직각삼각형 ABC에서
$\overline{AC}=\sqrt{\overline{AB}^2+\overline{BC}^2}=\sqrt{3^2+8^2}=\sqrt{73}$
이고, 직각삼각형 ACD에서
$\overline{CD}=\sqrt{\overline{AC}^2+\overline{AD}^2}=\sqrt{(\sqrt{73})^2+(3\sqrt{3})^2}=10$
즉, $\overline{AM}=\overline{MD}=\overline{MC}=5$
따라서 이등변삼각형 ANM에서
$\overline{AH}=\sqrt{\overline{AN}^2-\left(\frac{\overline{MN}}{2}\right)^2}=\sqrt{5^2-\left(\frac{3}{2}\right)^2}=\frac{\sqrt{91}}{2}$

28) 정답 ③
[출제자 : 김종렬T]
[그림 : 이정배T]
[검토자 : 이호진T]
$|\overrightarrow{AP}|:|\overrightarrow{PD}|=t:1-t\ \ (0\le t\le 1)$이므로 $\overrightarrow{PA}=-t\overrightarrow{AD}$이고
$\overrightarrow{PD}=(1-t)\overrightarrow{AD}$이다.
따라서 $\overrightarrow{PB}=\overrightarrow{PA}+\overrightarrow{AB}=-t\,\overrightarrow{AD}+\overrightarrow{AB}$이고
$\overrightarrow{PE}=\overrightarrow{PD}+\overrightarrow{DE}=(1-t)\overrightarrow{AD}+\frac{2}{3}\overrightarrow{AB}$이므로
$\overrightarrow{PB}\cdot\overrightarrow{PE}=\left(-t\,\overrightarrow{AD}+\overrightarrow{AB}\right)\cdot\left((1-t)\overrightarrow{AD}+\frac{2}{3}\overrightarrow{AB}\right)$
$=-t(1-t)|\overrightarrow{AD}|^2+\frac{2}{3}|\overrightarrow{AB}|^2=16t^2-16t+6\ \ (0\le t\le 1)$
$\overrightarrow{PB}\cdot\overrightarrow{PE}$의 값은 $t=\frac{1}{2}$일 때 최솟값을 갖는다.
$|\overrightarrow{PA}|=2$이므로 $|\overrightarrow{PB}|=\sqrt{13}$, $|\overrightarrow{PE}|=2\sqrt{2}$이다.
$\triangle$PBE에서 코사인법칙을 이용하면 $\cos\theta=\frac{1}{\sqrt{26}}$
$\therefore\ \sin\theta=\frac{5}{\sqrt{26}}$
사인법칙에 의하여 $\frac{\overline{BE}}{\sin\theta}=\frac{\sqrt{17}}{\frac{5}{\sqrt{26}}}=\frac{\sqrt{26}\times\sqrt{17}}{5}=2R$
$\therefore\ R=\frac{\sqrt{26}\times\sqrt{17}}{10}$
$\therefore\ \pi R^2=\frac{221}{50}\pi$
$\therefore\ p+q=221+50=271$

[다른 풀이]-이호진T
B의 좌표를 (0, 0)이라 하였을 때,
$\overrightarrow{PB}=(-k,\ 3)$, $\overrightarrow{PE}=(4-k,\ 2)$로 표현 가능하다.
따라서 $\overrightarrow{PB}\cdot\overrightarrow{PE}=k^2-4k+6$이므로 $k=2$일 때 최소이고,
$|\overrightarrow{PB}|=\sqrt{13}$, $|\overrightarrow{PE}|=\sqrt{8}$, $|\overrightarrow{BE}|=\sqrt{17}$ 이므로
$\cos\theta=\frac{1}{\sqrt{26}}$, $\sin\theta=\frac{5}{\sqrt{26}}$에서 주어진 외접원의 (중간과정 일치)
넓이는 $\pi R^2=\frac{221}{50}\pi$이다.

29) 정답 42
[출제자 : 김 수T]
[그림 : 강민구T]
[검토자 : 장세완T]
타원 $\frac{x^2}{36}+\frac{y^2}{11}=1$의 두 초점은 $F(5,0)$, $F'(-5,0)$이다.
타원 $\frac{x^2}{36}+\frac{y^2}{11}=1$의 장축의 길이가 12이므로
타원의 정의에 의해
$\overline{AF'}+\overline{AF}=12$
$\overline{AB}=\overline{AF}$이고
직선 BC가 x축에 평행하므로
두 삼각형 ABC, AF'F는 서로 닮음이고
그 닮음비는 $1:2$이다.
$\overline{AC}=a$ 라 하면 $\overline{AB}=\overline{AF}=2a$ 이고
$\overline{AF'}=2\times\overline{AB}=4a$이므로 $\overline{AF'}+\overline{AF}=4a+2a=12$
에서 $a=2$이다.
$\overline{AF'}=8$, $\overline{AF}=4$, $\overline{FF'}=10$ 에서
중선 정리에 의하여
$\overline{AF}^2+\overline{FF'}^2=2\left(\overline{BF}^2+\overline{AB}^2\right)$
$16+100=2\left(\overline{BF}^2+16\right)=116$
$\therefore\ \overline{BF}^2=42$

30) 정답 3
[출제자 : 김진성T]
[그림 : 이정배T]
[검토자 : 정일권T]

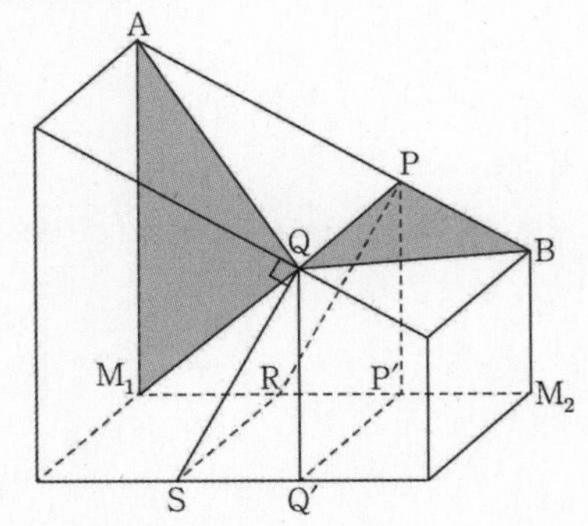

두 평면 α와 β가 이루는 각 θ은

$\angle PRP' = \angle QSQ' = \angle BAM_1 = \theta$이고 $\cos\theta = \frac{3}{5}$ 이다.

삼각형 AQM_1의 평면 β 위로의 정사영은 삼각형 $PQM_1{}'$이 되고,
삼각형 BPQ의 평면 α위로의 정사영은 삼각형 $M_2P'Q'$이 된다.

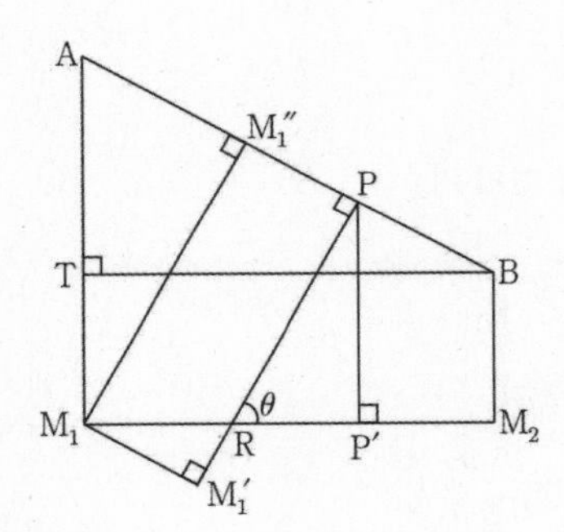

$\overline{PM_1{}'} = \overline{M_1M_1{}''}$

이고

$\frac{\overline{M_1M_1{}''}}{\overline{AM_1}} = \frac{\overline{M_1M_1{}''}}{10} = \sin\theta = \frac{4}{5}$

이므로

$\overline{PM_1{}'} = \overline{M_1M_1{}''} = 8$, $\overline{PQ} = 4$

이다. S_1은 삼각형 $PQM_1{}'$의 넓이가 되고

$S_1 = \frac{1}{2} \times \overline{PM_1{}'} \times \overline{PQ} = 16$이다.

또 $\frac{\overline{BT}}{\overline{AT}} = \frac{\overline{BT}}{6} = \tan\theta = \frac{4}{3} \Rightarrow \overline{BT} = \overline{M_1M_2} = 8$이고

$\overline{P'M_2} = \frac{1}{3}\overline{M_1M_2} = \frac{8}{3}$, $\overline{P'Q'} = 4$

이다. S_2은 삼각형 $M_2P'Q'$의 넓이가 되고

$S_2 = \frac{1}{2} \times \overline{P'M} \times \overline{P'Q'} = \frac{16}{3}$이다.

$\therefore \frac{S_1}{S_2} = 3$

랑데뷰☆수학 모의고사 - 시즌1 제2회

공통과목

1	③	2	②	3	⑤	4	⑤	5	②
6	③	7	⑤	8	③	9	④	10	③
11	③	12	④	13	①	14	⑤	15	③
16	2	17	1	18	30	19	8	20	60
21	3	22	19						

확률과 통계

23	④	24	④	25	①	26	④	27	⑤
28	②	29	232	30	109				

미적분

23	①	24	③	25	⑤	26	④	27	③
28	④	29	27	30	55				

기하

23	④	24	②	25	①	26	④	27	⑤
28	①	29	363	30	52				

랑데뷰☆수학 모의고사 - 시즌1 제2회 풀이

[출제자:황보백]

공통과목

1) 정답 ③
[검토자 : 김경민T]

$\sqrt{3^{3+\sqrt{5}}}\times\sqrt{3^{3-\sqrt{5}}}$

$=\sqrt{3^6}=3^3=27$

2) 정답 ②
[검토자 : 김경민T]

$\int_0^2 \frac{x^3}{x^2+x+1}dx-\int_0^2\frac{1}{x^2+x+1}dx$

$=\int_0^2\frac{x^3-1}{x^2+x+1}dx$

$=\int_0^2\frac{(x-1)(x^2+x+1)}{x^2+x+1}dx$

$=\int_0^2(x-1)dx=\left[\frac{1}{2}x^2-x\right]_0^2$

$=2-2=0$

3) 정답 ⑤
[검토자 : 김경민T]

$S_{10}=\frac{2(3^{10}-1)}{3-1}=3^{10}-1$

4) 정답 ⑤
[검토자 : 김경민T]

함수 $f(x)$가 실수 전체의 집합에서 연속이기 위해서는

$\lim_{x\to1-}f(x)=\lim_{x\to1+}f(x)=f(1)$

이어야 하므로

$\lim_{x\to1-}f(x)=1+a+a=2a+1$,

$\lim_{x\to1+}f(x)=-a+4$,

$f(1)=2a+1$

에서 $2a+1=-a+4$

즉, $a=1$

$f(x)=\begin{cases}x^2+x+1 & (x\le1)\\ -x+4 & (x>1)\end{cases}$

$\therefore f(-2)=(-2)^2-2\times1+1=3$

5) 정답 ②
[검토자 : 김경민T]

$\sum_{k=1}^{n}\frac{2}{k^2+3k+2}=\frac{33}{35}$

$\sum_{k=1}^{n}\frac{2}{(k+1)(k+2)}=\frac{33}{35}$

$\sum_{k=1}^{n}\left(\frac{1}{k+1}-\frac{1}{k+2}\right)=\frac{33}{70}$

$\left(\frac{1}{2}-\frac{1}{3}\right)+\left(\frac{1}{3}-\frac{1}{4}\right)+\cdots+\left(\frac{1}{n+1}-\frac{1}{n+2}\right)=\frac{33}{70}$

$\frac{1}{2}-\frac{1}{n+2}=\frac{33}{70}$, $\frac{n}{2(n+2)}=\frac{33}{70}$

$35n=33n+66$

$\therefore n=33$

6) 정답 ③
[검토자 : 김수T]

$\lim_{x\to0}\frac{g(x)}{f(x)}=\lim_{x\to0}\frac{x^3-4x}{2x-x^2}=\lim_{x\to0}\frac{x(x^2-4)}{x(2-x)}$

$=\lim_{x\to0}\frac{x^2-4}{2-x}=-2$

$\lim_{x\to2}\frac{f(x)}{g(x)}=\lim_{x\to2}\frac{x(2-x)}{x(x+2)(x-2)}=\lim_{x\to2}\frac{-1}{(x+2)}$

$=-\frac{1}{4}$

$\therefore \lim_{x\to0}\frac{g(x)}{f(x)}\times\lim_{x\to2}\frac{f(x)}{g(x)}=(-2)\times\left(-\frac{1}{4}\right)=\frac{1}{2}$

7) 정답 ⑤

[검토자 : 김수T]

$y=2\sin\left(ax-\frac{a\pi}{6}\right)+2$에서 $y=2\sin a\left(x-\frac{\pi}{6}\right)+2$

$\frac{5}{6}\pi-\frac{\pi}{6}=\frac{2}{3}\pi$가 주기의 $\frac{1}{2}$이므로

주기 $T=\frac{2\pi}{a}=\frac{4}{3}\pi$에서 $a=\frac{3}{2}$

또한 $-1\le\sin a\left(x-\frac{\pi}{6}\right)\le 1$이므로

$0\le 2\sin a\left(x-\frac{\pi}{6}\right)+2\le 4$에서 $b=4$

$\therefore\ ab=\frac{3}{2}\times 4=6$

8) 정답 ③

[검토자 : 김수T]

점 P의 시각 $t\,(t\ge 0)$에서의 위치 x가 $x=t^3-3t^2$이므로

시각 t에서 점 P의 속력과 가속도는 각각

$|v(t)|=|3t^2-6t|$, $a(t)=6t-6$이다.

시각 $t=a$에서의 점 P의 속력과 가속도가 서로 같으므로

$|3a^2-6a|=6a-6$이다.

$|a^2-2a|=2a-2$

(ⅰ) $a\ge 2$일 때,

$a^2-2a=2a-2$인 경우

$a^2-4a+2=0$에서 $a=2+\sqrt{2}$

(ⅱ) $0<a<2$일 때,

$a^2-2a=-2a+2$인 경우

$a^2-2=0$에서 $a=\sqrt{2}$

따라서 구하는 모든 a의 값의 합은

$(2+\sqrt{2})+\sqrt{2}=2+2\sqrt{2}$

이다.

9) 정답 ④

[검토자 : 김영식T]

등비수열 $\{a_n\}$의 공비를 r이라 하면

$|2a_3+a_4+a_6|=2|a_5|$

$|2a_3+a_3r+a_3r^3|=2|a_3r^2|$

$|a_3||2+r+r^3|=2|a_3|r^2$

$|2+r+r^3|=2r^2$

에서

$r^3+r+2=2r^2$ 또는 $r^3+r+2=-2r^2$이다.

(i) $r^3+r+2=2r^2$일 때,

$r^3-2r^2+r+2=0$

$f(x)=x^3-2x^2+x+2$라 하면

$f'(x)=3x^2-4x+1=(3x-1)(x-1)=0$

에서 삼차함수 $f(x)$는 $x=1$에서 극솟값 2를 갖는다.

$f(-1)=-1-2-1+2=-2<0$

$f(0)=2>0$

이므로 방정식 $f(x)=0$의 해는 -1과 0사이에 하나 존재한다.

따라서 r에 대한 방정식 $r^3-2r^2+r+2=0$은 실근이 하나 존재하고 정수근이 아니므로 모순이다.

(ii) $r^3+r+2=-2r^2$일 때,

$r^3+2r^2+r+2=0$

$(r+2)(r^2+1)=0$

에서 $r=-2$이다.

(i), (ii)에서 $r=-2$, $a_1=-2$이다.

따라서 $a_n=(-2)(-2)^{n-1}=(-2)^n$

$a_4=(-2)^4=16$이다.

10) 정답 ③

[그림 : 최성훈T]

[검토자 : 최수영T]

함수 $g(x)$가 실수 전체의 집합에서 연속이므로 함수 $g(x+a)$도 실수 전체의 집합에서 연속이다. 일차함수 $(x-a)$도 실수 전체의 집합에서 연속이므로 함수 $(x-a)g(x+a)$는 실수 전체의 집합에서 연속이다.

따라서 $\lim_{x\to a-}f(x)=\lim_{x\to a+}f(x-a)$이다.

즉, $f(a)=f(0)$이다.

또한

$$g(x+a)=\begin{cases}\frac{f(x)}{x-a} & (x<a)\\ \frac{f(x-a)}{x-a} & (x\ge a)\end{cases}$$

가 $x=a$에서 연속이기 위해서는

함수 $f(x)$와 함수 $f(x-a)$는 $(x-a)$를 인수로 가져야 한다.

따라서 상수 b에 대하여 $f(x)=x(x-a)(x-b)$이다.

$$g(x+a)=\begin{cases}\frac{x(x-a)(x-b)}{x-a} & (x<a)\\ \frac{(x-a)(x-2a)(x-a-b)}{x-a} & (x\ge a)\end{cases}$$

$$=\begin{cases}x(x-b) & (x<a)\\ (x-2a)(x-a-b) & (x\ge a)\end{cases}$$

함수 $g(x+a)$가 $x=a$에서 연속이므로

$a(a-b)=(-a)(-b)$

$a=2b$

$\therefore\ b=\frac{a}{2}$

따라서 $$g(x+a)=\begin{cases}x\left(x-\frac{a}{2}\right) & (x<a)\\ \left(x-\frac{3a}{2}\right)(x-2a) & (x\ge a)\end{cases}$$

그러므로 $g(x)=\begin{cases}(x-a)\left(x-\frac{3a}{2}\right) & (x<2a)\\ \left(x-\frac{5a}{2}\right)(x-3a) & (x\geq 2a)\end{cases}$

$y=g(x)$의 그래프와 x축으로 둘러싸인 부분은 그림과 같다.

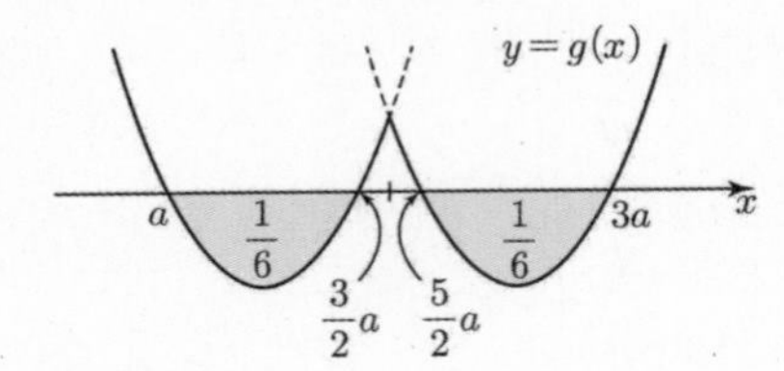

$\int_a^{\frac{3a}{2}}(x-a)\left(x-\frac{3a}{2}\right)dx=\frac{1}{6}$

$\frac{\left(\frac{1}{2}a\right)^3}{6}=\frac{1}{6}$에서 $a=2$이다.

따라서 $g(x)=\begin{cases}(x-2)(x-3) & (x<4)\\ (x-5)(x-6) & (x\geq 4)\end{cases}$ 이므로

$g(4a)=g(8)=3\times2=6$이다.

11) 정답 ③

[그림 : 도정영T]

[검토자 : 최현정T]

$f'(t_3)=0$이므로 $f(x)=0$의 실근의 개수가 2이다.

따라서 삼차함수 $f(x)$의 그래프는 x축에 접하는 그래프를 갖는다.

곡선 $y=f(x)$와 $(-2,0)$을 지나는 직선 $y=f'(t)(x+2)$가 만나는 점의 개수가 2이기 위해서는 직선 $y=f'(t)(x+2)$가 곡선 $y=f(x)$의 접선이어야 한다. 즉, $(-2,0)$은 접점이다.

따라서 삼차함수 $f(x)$의 그래프는 $(-2,0)$을 지난다.

(i) $t_1=-2$일 때

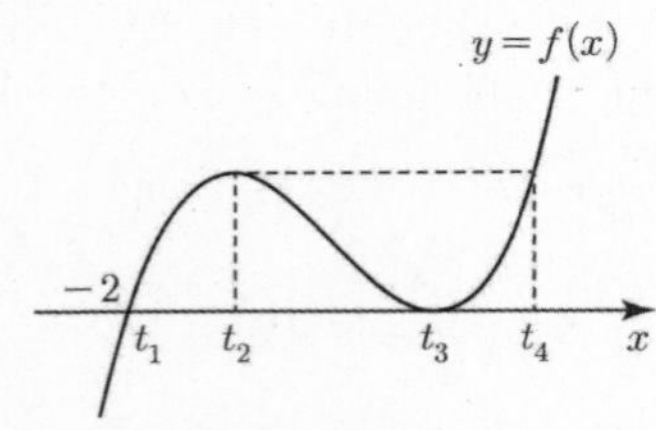

$t_3-t_2=2$이고 삼차함수 비율에서 $(t_2-t_1):(t_3-t_2)=1:2$이므로 $t_2=-1,\ t_3=1,\ t_4=2$이다.

$f(x)=(x+2)(x-1)^2$이므로 $f(2)=4$이다.

(ii) $t_4=-2$일 때

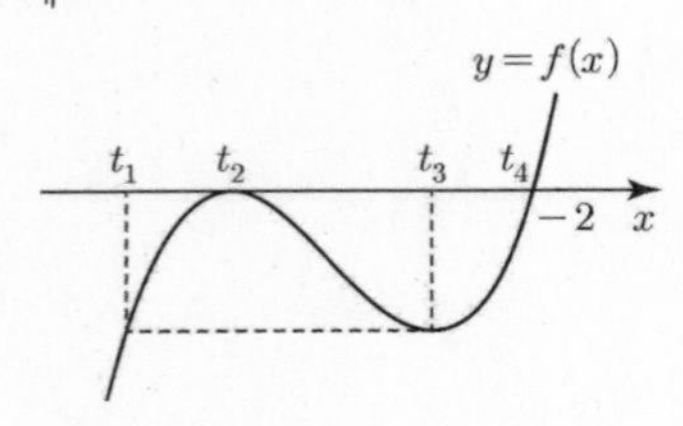

$t_3-t_2=2$이고 삼차함수 비율에서 $(t_4-t_3):(t_3-t_2)=1:2$이므로 $t_3=-3,\ t_2=-5,\ t_1=-6$이다.

$f(x)=(x+5)^2(x+2)$이므로 $f(2)=7^2\times4=196$이다.

(i), (ii)에서 $f(2)$의 최솟값은 4이고 최댓값은 196이다.

따라서 $f(2)$의 최댓값과 최솟값의 합은 200이다.

[랑데뷰팁]-삼차함수 비율에서 $f'(t_1)=f'(t_4)$이다.

12) 정답 ④

[출제자 : 황보성호T]

[그림 : 이정배T]

[검토자 : 최혜권T]

조건 (가)에 의하여 $\overline{AB}=2k,\ \overline{BD}=3k\ (k>0)$라 하자.

$\angle ADP=\theta$라 하자.

삼각형 ABD에서 코사인법칙에 의하여

$\cos\theta=\frac{4k^2+9k^2-4k^2}{2\cdot2k\cdot3k}=\frac{3}{4}$

$\sin^2\theta+\cos^2\theta=1$이므로 $\sin\theta=\frac{\sqrt{7}}{4}$

$\overline{AD}\parallel\overline{BC}$이므로 $\angle ADB=\angle DBC=\theta$

삼각형 BCD에서 코사인법칙에 의하여

$\cos\theta=\frac{100+9k^2-4k^2}{2\cdot10\cdot3k}=\frac{20+k^2}{12k}$

즉, $\frac{20+k^2}{12k}=\frac{3}{4}$에서 $k^2-9k+20=0,\ (k-4)(k-5)=0$

$\therefore k=4$ 또는 $k=5$

여기서 $\overline{AD}<\overline{BC}$이므로 $k=4$

두 삼각형 PAD, PBC는 서로 닮음이므로 대응하는 변의 길이의 비는 일정하다.

즉, $\overline{AD}:\overline{BC}=\overline{PD}:\overline{PB}$에서 $\overline{PD}:\overline{PB}=4:5$

$\overline{PD}=12\times\frac{4}{4+5}=\frac{16}{3},\ \overline{PB}=12\times\frac{5}{4+5}=\frac{20}{3}$

라 하자.

$\triangle PAD=\frac{1}{2}\times8\times\frac{16}{3}\times\frac{\sqrt{7}}{4}=\frac{16\sqrt{7}}{3}$

$\triangle PBC=\frac{1}{2}\times10\times\frac{20}{3}\times\frac{\sqrt{7}}{4}=\frac{25\sqrt{7}}{3}$

따라서 두 이등변삼각형 PAD, PBC의 넓이의 차는 $3\sqrt{7}$

13) 정답 ①

[그림 : 최성훈T]

[검토자 : 함상훈T]

$y=a^{x+\log_a2}-2=a^x\times a^{\log_a2}-2=2(a^x-1)$이다.

직선 $y=x$와 곡선 $y=2(a^x-1)$이 만나는 점 A의 x좌표를 $t\,(t>0)$라 하면 $A(t,t)$이고 $t=2(a^t-1)\cdots\cdots$㉠이다.

직선 $y=-x$와 곡선 $y=a^{-\frac{1}{2}x}-1$이 만나는 점 B의 x좌표를

$s\,(s<0)$라 하면 $\mathrm{B}(s,\ -s)$이고 $-s=a^{-\frac{1}{2}s}-1$……㉡이다.

한편, 두 점 $\mathrm{A}(t,\ t)$, $\mathrm{B}(s,\ -s)$을 지나는 직선의 기울기가

$-\frac{3}{5}$이므로

$\frac{t+s}{t-s}=-\frac{3}{5}$

$5t+5s=-3t+3s$

$8t=-2s$

$\therefore\ s=-4t$

㉡에서 $-s=a^{-\frac{1}{2}s}-1\ \rightarrow\ 4t=a^{2t}-1$ …… ㉢

㉠, ㉢에서 변변 나누면

$4=\frac{a^t+1}{2}$

$\therefore\ a^t=7$

㉠에서 $t=12$이고 $a^{12}=7$이므로 $a=7^{\frac{1}{12}}$이다.

14) 정답 ⑤

[검토자 : 오세준T]

$f(x)=\int_a^x t(t-n)(t-7)dt$에서

$f(a)=0,\ f'(x)=x(x-n)(x-7)$이다.

(가)에서 n이 자연수이므로

$f'(2)<0,\ f'(4)<0,\ f'(6)<0$이거나

$f'(2)>0,\ f'(4)>0,\ f'(6)<0$이다.

함수 $f(x)$는 최고차항의 계수가 $\frac{1}{4}$인 사차함수이므로 극솟값 중에 최솟값이 있다.

(나)에서 극솟값이 0이다.

(i) $f'(2)<0,\ f'(4)<0,\ f'(6)<0$일 때,

$n=1$이고 $f'(x)=x(x-1)(x-7)$이므로 사차함수 $f(x)$는 $x=0$과 $x=7$에서 극솟값을 갖고 $x=1$에서 극댓값을 갖는다.

$f(0)>f(7)$이므로 $f(7)=0$이다.

따라서 $a=7$

$f(x)=\int_6^x t(t-1)(t-7)dt$이고 극댓값은 $f(1)$이므로

$f(1)=\int_7^1 t(t-1)(t-7)dt$

$=-\int_1^7 t(t-1)(t-7)dt$

$=\frac{2\times1\times6^3+6^4}{12}$ (랑데뷰 TacTic 거리곱 참고)

$=144$

(ii) $f'(2)>0,\ f'(4)>0,\ f'(6)<0$일 때,

$n=5$이고 $f'(x)=x(x-5)(x-7)$이므로 사차함수 $f(x)$는 $x=0$과 $x=7$에서 극솟값을 갖고 $x=5$에서 극댓값을 갖는다.

$f(0)<f(7)$이므로 $f(0)=0$이다.

따라서 $a=0$

$f(x)=\int_0^x t(t-5)(t-7)dt$이고 극댓값은 $f(5)$이므로

$f(5)=\int_0^4 t(t-5)(t-7)dt$

$=\frac{5^4+2\times5^3\times2}{12}$ (랑데뷰 TacTic 거리곱 참고)

$=\frac{375}{4}$

(i), (ii)에서 극댓값의 최댓값은 144이다.

15) 정답 ③

[출제자 : 오세준T]

[검토자 : 이진우T]

$f(x)=\log_2(|\sin x|+a),\ g(x)=\frac{1}{\log_2(|\sin x|+b)}$이므로

조건(가)에서

$4^{f(x)}\times2^{\frac{1}{g(x)}}=(|\sin x|+a)^2(|\sin x|+b)\geq200$

$|\sin x|=t$라 하면 $|\sin x|\neq0$이므로 $0<t\leq1$이고

$y=(t+a)^2(t+b)$라 하면 그래프는 아래와 같다.

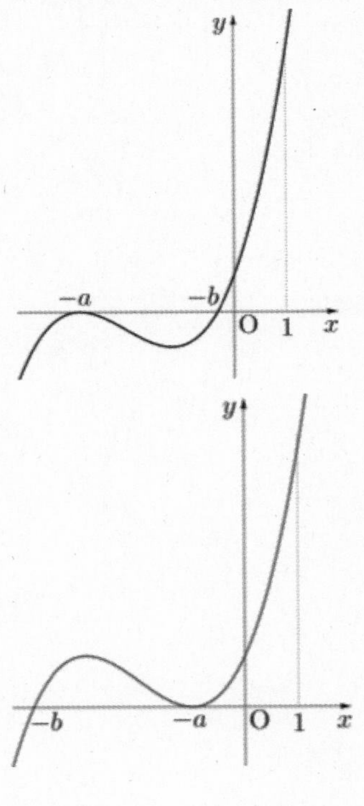

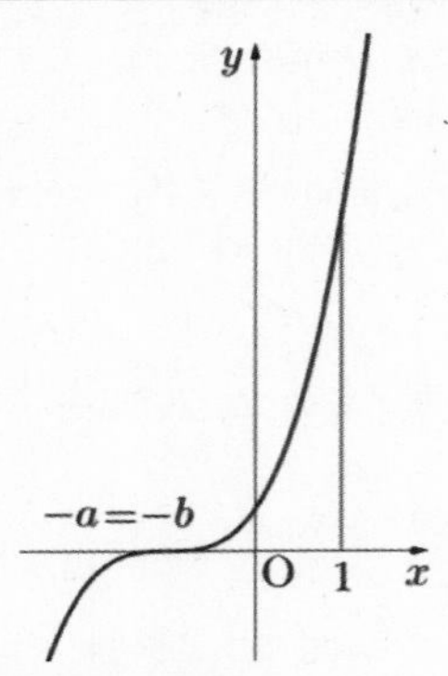

따라서 $t=1$에서 최댓값을 가지므로

$(1+a)^2(1+b)=200=2^3\times5^2$ …… ㉠

조건(나)에서

$2^{f(x)+1}+2^{\frac{1}{g(x)}}=2(|\sin x|+a)+(|\sin x|+b)$

$\le 3+2a+b\le 30$

$\therefore\ 2a+b\le 27$ …… ㉡

㉠에서

$(1+a)^2$	$(1+b)$	a	b	$2a+b$	
1	$2^3\times5^2$	0	199		a 자연수 아니다.
2^2	2×5^2	3	49	54	
5^2	2^3	4	7	15	
$2^2\times5^2$	2	9	1	19	

㉡에서 가능한 순서쌍 $(a,\ b)$는 $(4,\ 7)$, $(9,\ 1)$이고 $2a+b$의 최댓값은 19이다.

16) 정답 2

[검토자 : 김상호T]

$f(x)=(x^2+1)(x-1)\Rightarrow f'(x)=2x(x-1)+(x^2+1)$

따라서 $f'(1)=2$

17) 정답 1

[검토자 : 김상호T]

$3\log_8(6x-1)=1$

$\log_8(6\alpha-1)=\dfrac{1}{3}$

$6\alpha-1=8^{\frac{1}{3}}\Rightarrow 6\alpha-1=2$

$\therefore\ \alpha=\dfrac{1}{2}$

$\log_2\dfrac{1}{\alpha}=\log_2 2=1$

18) 정답 30

[검토자 : 김상호T]

$\displaystyle\sum_{k=1}^{4}2^{k-1}=\frac{2^4-1}{2-1}=15$

$\displaystyle\sum_{k=1}^{n}(2k-1)=2\times\frac{n(n+1)}{2}-n=n^2$

$\displaystyle\sum_{k=1}^{4}(2\times3^{k-1})=\frac{2\times(3^4-1)}{3-1}=80$

이므로 주어진 부등식에서 $15<n^2<80$이다.

따라서 부등식을 만족시키는 자연수 n의 값은

4, 5, 6, 7, 8 이고 그 합은 $\dfrac{5\times(4+8)}{2}=30$이다.

19) 정답 8

[검토자 : 김상호T]

$\{f(x)+2x^2\}^2\le 64$

$-8\le f(x)+2x^2\le 8$

$-2x^2-8\le f(x)\le -2x^2+8$ …㉠

양변을 x^2으로 나눈 뒤 $x\to\infty$를 취하면

$-2\le\displaystyle\lim_{x\to\infty}\frac{f(x)}{x^2}\le -2$에서 $\displaystyle\lim_{x\to\infty}\frac{f(x)}{x^2}=-2$이므로 다항함수 $f(x)$는 최고차항의 계수가 -2인 이차함수임을 알 수 있다.

$f(x)=-2x^2+ax+b$라 하면

㉠에서

$-2x^2-8\le -2x^2+ax+b\le -2x^2+8$

$-8\le ax+b\le 8$

에서 $a=0$이다. 따라서 $f(x)=-2x^2+b$

또한

$\displaystyle\lim_{x\to2}\frac{f(x)}{x^2-2x}$의 값이 상수 k로 수렴하고 $x\to2$일 때

분모가 0이므로 분자 $f(2)=0$이어야 한다.

$f(2)=-8+b=0$

$\therefore\ b=8$

$f(x)=-2x^2+8$

$\displaystyle\lim_{x\to2}\frac{f(x)}{x^2-2x}=\lim_{x\to2}\frac{-2(x+2)(x-2)}{x(x-2)}=-4$

$\therefore\ k=-4$

따라서 $|2k|=8$이다.

20) 정답 60

[출제자 : 정일권T]

[그림 : 도정영T]

[검토자 : 장세완T]

함수 $g(t)$는 함수 $y=f(x)$와 직선 $y=t$ 및 두 직선 $x=-1,\,x=2$로 둘러싸인 부분의 넓이이다. 그림에서 색칠된 넓이를 S_1, S_2, S_3라 하면 $g(t)=S_1+S_2+S_3$이다.

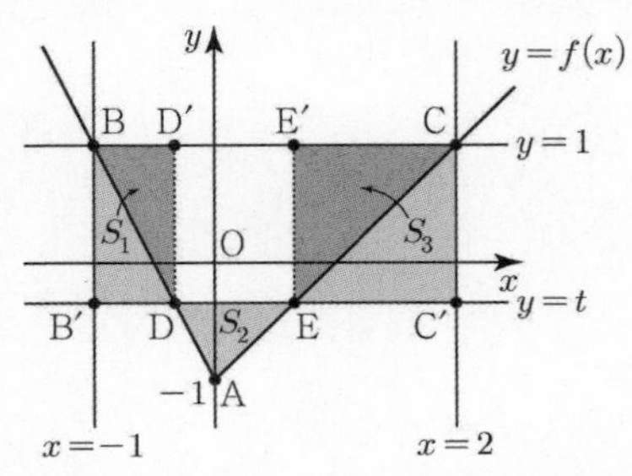

A(0, −1)이라 하고, $y=1$과 $y=-2x-1$과 만나는 점 B(−1, 1), $y=1$과 $y=x-1$과 만나는 점 C(2, 1)라 하자. 또한 $y=t$과 $y=-2x-1$과 만나는 점 $\mathrm{D}\left(\frac{-t-1}{2}, t\right)$, $y=t$과 $y=x-1$과 만나는 점 $\mathrm{E}(t+1, t)$라 하자.

점 B, C에서 $y=t$에 내린 수선의 발을 각각 B′, C′, 점 D, E에서 $y=1$에 내린 수선의 발을 각각 D′, E′이라 하면, S_1은 삼각형 BDD′의 넓이와 같고, S_3은 삼각형 CEE′의 넓이와 같다.

따라서 함수 $g(t)$는 삼각형 ABC의 넓이에서 사각형 DEE′D′의 넓이를 뺀 것과 같다.

$$g(t)=\int_{-1}^{2}|t-f(x)|dx$$
$$=(\text{삼각형 ABC의 넓이})-(\text{사각형 DEE'D'의 넓이})$$
$$=\frac{1}{2}\times3\times2-\frac{3t+3}{2}\times(1-t)$$
$$=\frac{3}{2}t^2+\frac{3}{2}$$

$g'(t)=3t$, $g'\left(\frac{1}{2}\right)=\frac{3}{2}$

$\therefore\ 40\times g'\left(\frac{1}{2}\right)=40\times\frac{3}{2}=60$

21) 정답 3

[검토자 : 정찬도T]

$f(x)=\begin{cases} x(x-1)(x-4) & (x\le3) \\ x(x-a) & (x>3)\end{cases}$ 이므로

$x\ne a$일 때, $h(x)=\begin{cases} \frac{g(x)}{x(x-1)(x-4)} & (x<0,\ 0<x<1,\ 1<x\le3) \\ \frac{g(x)}{x(x-a)} & (3<x<a,\ x>a) \\ k & (x=0) \\ \frac{2}{3}k & (x=1)\end{cases}$

라 할 수 있다.

함수 $h(x)$가 실수 전체의 집합에서 연속이므로 함수 $h(x)$는 $x=0$, $x=1$, $x=3$, $x=a$에서 연속이어야 한다.

따라서 최고차항의 계수가 1인 사차함수 $g(x)$는 $g(x)=x(x-1)(x-3)(x-a)$이다.

그러므로

$h(x)=\begin{cases} \frac{(x-3)(x-a)}{(x-4)} & (x<0,\ 0<x<1,\ 1<x\le3) \\ (x-1)(x-3) & (3<x<a,\ x>a) \\ k & (x=0) \\ \frac{2}{3}k & (x=1)\end{cases}$

이다. $h(0)=k$, $h(1)=\frac{2}{3}k$이므로 $h(0)=\frac{3}{2}h(1)$이다.

$h(x)$가 $x=0$과 $x=1$에서 연속이므로

$h(0)=\lim_{x\to0}h(x)=\lim_{x\to0}\frac{(x-3)(x-a)}{(x-4)}=\frac{3a}{-4}$

$h(1)=\lim_{x\to1}h(x)=\lim_{x\to1}\frac{(x-3)(x-a)}{(x-4)}=\frac{-2(1-a)}{-3}=\frac{2-2a}{3}$

$h(0)=\frac{3}{2}h(1)$이므로 $\frac{3a}{-4}=\frac{3}{2}\times\frac{2-2a}{3}$

$\frac{3a}{-4}=1-a$

$3a=-4+4a$

$\therefore\ a=4$

따라서 $h(a)=h(4)=\lim_{x\to4}h(x)=\lim_{x\to4}(x-1)(x-3)=3\times1=3$

이다.

22) 정답 19

[검토자 : 정일권T]

$a_1=10$이고 $n\le k$인 모든 자연수 n에 대하여 $10\le a_n<a_{n+1}$이므로 조건 (나)를 만족시키려면 $k\le22$이어야 한다.

조건 (나)에서 $a_{23}=a_{24}=a_{25}=1$이므로 $a_{24}=1$이다.

a_1	a_2	a_3	a_4	⋯
10	13	16	19	⋯

⋯	a_{21}	a_{22}	a_{23}	⋯
⋯	5	3	1	⋯

수열 $\{a_n\}$은 첫째항부터 제$(k+1)$항까지 공차가 3인 등차수열을 이루므로 $a_{k+1}=10+3k$이다.

수열 $\{a_n\}$은 제$(k+1)$항부터 제23항까지 공차가 −2인 등차수열을 이루므로

$a_{23}=a_{(k+1)+(22-k)}=10+3k-2(22-k)=5k-34=1$

에서 $k=7$

따라서 $a_8=31$

$a_{14}=a_8+6\times(-2)=31-12=19$이다.

$\therefore\ a_{2k}=19$

확률과통계

[출제자:황보백T]

23) 정답 ④

[검토자 : 황보성호T]

이항분포 $B\left(n, \frac{1}{3}\right)$ 을 따르는 확률변수 X의 분산

$V(X) = n \times \frac{1}{3} \times \frac{2}{3} = 6$

$\therefore\ n = 6 \times \frac{9}{2} = 27$

24) 정답 ④

[검토자 : 황보성호T]

$\frac{P(A)}{3} = \frac{P(B)}{4} = \frac{P(A \cup B)}{6}$

$P(A) = \frac{3}{4}P(B)$, $P(A \cup B) = \frac{3}{2}P(B)$이고

$P(A \cup B) = P(A) + P(B) - P(A)P(B)$에서

$P(B) = p$라 하면

$\frac{3}{2}p = \frac{3}{4}p + p - \frac{3}{4}p^2$

$\frac{3}{4}p^2 - \frac{1}{4}p = 0$

$\frac{1}{4}p(3p-1) = 0$

$p = \frac{1}{3}$

$\therefore\ P(B) = \frac{1}{3}$

25) 정답 ①

[검토자 : 황보성호T]

$11^{50} = (1+10)^{50}$

$= {}_{50}C_0 + {}_{50}C_1 \times 10 + {}_{50}C_2 \times 10^2 + {}_{50}C_3 \times 10^3 + \cdots + {}_{50}C_{50} \times 10^{50}$

$= 1 + 500 + 25 \times 49 \times 100 + \cdots$

에서 $25 \times 49 \times 100 = 122500$이므로 백의 자리의 0이 아닌 수는 5가 두 번 나타난다. 따라서 합하면 0이다.

26) 정답 ④

[검토자 : 황보성호T]

$2P(0 \le Z \le z) = 0.99$에서 $z = 2.58$이므로 주어진 모집단에서 크기가 100인 표본을 임의추출하여 구한 표본평균을 $\overline{Y}$라 하면 모평균 m에 대한 신뢰도 99%의 신뢰구간은

$\overline{Y} - 2.58 \times \frac{\sigma}{\sqrt{100}} \le m \le \overline{Y} + 2.58 \times \frac{\sigma}{\sqrt{100}}$

$\therefore\ b - a = 2 \times 2.58 \times \frac{\sigma}{10} = 0.516 \times \sigma$

주어진 모집단에서 크기가 25인 표본을 임의추출할 때,

표본평균 $\overline{X}$는 정규분포 $N\left(m, \frac{\sigma^2}{25}\right)$을 따르므로

$P\left(|\overline{X} - m| \le \frac{b-a}{2}\right) = P\left(|\overline{X} - m| \le \frac{0.516 \times \sigma}{2}\right)$

$= P\left(|Z| \le \frac{0.516 \times \sigma}{2 \times \frac{\sigma}{\sqrt{25}}}\right)$

$= P(|Z| \le 1.29)$

$= 2 \times P(0 \le Z \le 1.29)$

$= 0.8030$

27) 정답 ⑤

[검토자 : 황보성호T]

$a > b > c$이기 위해서는 $a = 4$ 또는 $a = 5$이어야 한다.

(ⅰ) $a = 4$인 경우

주머니 A에서 꺼낸 두 개의 공이 (2, 2)인 경우 주머니 B에서 꺼낸 두 개의 공의 합은 $b \ge 4$이므로 조건을 만족시키지 못한다. 즉 주머니 A에서 꺼낸 두 개의 공은 (1, 3)이고 $a > b > c$이므로 $b = 3$이다.

주머니 B에서 꺼낸 두 개의 공은 (1, 2)이고 주머니 C에서 꺼낸 두 개의 공은 (1, 1)이어야 하므로 그 확률은

$\frac{{}_1C_1 \times {}_1C_1}{{}_5C_2} \times \frac{{}_1C_1 \times {}_1C_1}{{}_5C_2} \times \frac{{}_2C_2}{{}_5C_2}$

$= \frac{1}{10} \times \frac{1}{10} \times \frac{1}{10}$

$= \frac{1}{1000}$

(ⅱ) $a = 5$인 경우

주머니 A에서 꺼낸 두 개의 공이 (2, 3)이므로 주머니 B에서 꺼낸 두 개의 공은 (2, 2)이고 주머니 C에서 꺼낸 두 개의 공은 (1, 2)이어야 하므로 그 확률은

$\frac{{}_3C_1 \times {}_1C_1}{{}_5C_2} \times \frac{{}_2C_2}{{}_5C_2} \times \frac{{}_1C_1 \times {}_2C_1}{{}_5C_2}$

$= \frac{3}{10} \times \frac{1}{10} \times \frac{2}{10}$

$= \frac{6}{1000}$

(ⅰ), (ⅱ)는 서로 배반사건이므로 구하는 확률은

$\frac{1}{1000} + \frac{6}{1000} = \frac{7}{1000}$

28) 정답 ②

[출제자 : 오세준T]

[검토자 : 황보성호T]

1부터 8까지의 자연수 중에서 두 수의 차가 3인 순서쌍은

(1, 4), (2, 5), (3, 6), (4, 7), (5, 8)

이 중에서 (1, 4), (4, 7)은 4가 겹치므로 두 쌍을 같이 쓸 수 없고 마찬가지로 (2, 5), (5, 8)도 같이 쓸 수 없다.

따라서 (3, 6)은 항상 적혀야 하고 가능한 6개의 수는

(3, 6), (1, 4), (2, 5)

(3, 6), (1, 4), (5, 8)

(3, 6), (4, 7), (2, 5)

(3, 6), (4, 7), (5, 8)

이므로 4가지이다.

아래 그림과 같이 (3, 6)을 고정시키면 경우의 수는 1가지이다.

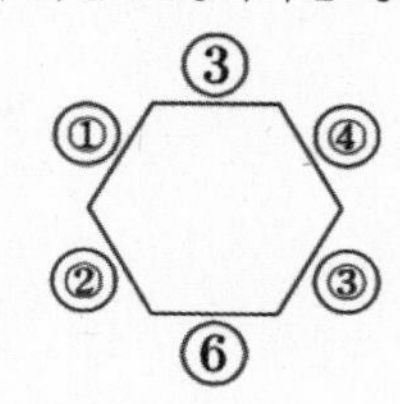

(ⅰ) (3, 6), (1, 4), (2, 5)인 경우

조건(나)에서 이웃하는 두 수의 차가 5가 될 수 없으므로

(1, 4)에서 1은 6과 이웃할 수 없다.

①−1, ③−4 또는 ②−4, ④−1이므로 2가지

위 경우에 대하여 (2, 5)는 각각 2가지씩 결정되므로

구하는 경우의 수는 $1\times2\times2=4$

(ⅱ) (3, 6), (1, 4), (5, 8)인 경우

조건(나)에서 이웃하는 두 수의 차가 5가 될 수 없으므로

(1, 4)에서 1은 6과 이웃할 수 없고 (5, 8)에서 8은 3과 이웃할 수 없다.

①−1, ③−4 또는 ②−4, ④−1이므로 2가지 경우에 대하여 (5, 8)는 각각 1가지씩 결정되므로 구하는 경우의 수는

$1\times2\times1=2$

(ⅲ) (3, 6), (4, 7), (2, 5)인 경우

(4, 7)을 적을 수 있는 경우의 수는 4가지

(4, 7), (2, 5)에서 2와 7은 이웃할 수 없다.

위 경우에 대하여 (2, 5)는 각각 1가지씩 결정되므로

구하는 경우의 수는 $1\times4\times1=4$

(ⅳ) (3, 6), (4, 7), (5, 8)인 경우

조건(나)에서 이웃하는 두 수의 차가 5가 될 수 없으므로

(5, 8)에서 8은 3과 이웃할 수 없다.

①−5, ③−8 또는 ②−8, ④−5이므로 2가지

(4, 7)는 각각 2가지씩 적히므로

구하는 경우의 수는 $1\times2\times2=4$

따라서 구하는 경우의 수는 $4+2+4+4=14$

29) 정답 232

[출제자 : 이소영T]

[검토자 : 김종렬T]

꺼낸 공에 적힌 눈의 합이 홀수인 확률을 구해보자.

주사위 눈이 4의 약수이면 주머니에서 2개의 공을 꺼낸다.

합이 홀수가 되려면 짝수, 홀수를 각각 하나씩 꺼내야한다.

$\rightarrow \frac{3}{6}\times\frac{{}_5C_1\cdot{}_4C_1}{{}_9C_2}=\frac{1}{2}\cdot\frac{20}{36}$

주사위 눈이 3의 배수이면 주머니에서 3개의 공을 동시에 꺼낸다. 합이 홀수가 되려면 홀수 3개를 뽑거나 홀수 1개, 짝수 2개를 꺼내야한다. $\rightarrow \frac{2}{6}\times\frac{{}_5C_3+{}_5C_1\cdot{}_4C_2}{{}_9C_3}=\frac{1}{3}\cdot\frac{40}{84}$

따라서 꺼낸 공에 적힌 눈의 합이 홀수인 확률은

$\frac{1}{2}\cdot\frac{20}{36}+\frac{1}{3}\cdot\frac{40}{84}$이다.

합이 홀수이면서 주사위 눈이 주머니에서 꺼낸 모든 공에 적힌 수보다 작을 확률을 구해보자.

주사위 눈이 1이라면 4의 약수이므로 2개의 공을 꺼낸다. 이때, 2부터 9까지의 공에서 합이 홀수가 되도록 꺼내야 한다. →

$\frac{1}{6}\times\frac{{}_4C_1\cdot{}_4C_1}{{}_9C_2}=\frac{1}{6}\cdot\frac{16}{36}$

주사위 눈이 2라면 4의 약수이므로 2개의 공을 꺼낸다. 이때, 3부터 9까지의 공에서 합이 홀수가 되도록 꺼내야 한다. →

$\frac{1}{6}\times\frac{{}_4C_1\cdot{}_3C_1}{{}_9C_2}=\frac{1}{6}\cdot\frac{12}{36}$

주사위 눈이 4라면 4의 약수이므로 2개의 공을 꺼낸다. 이때, 5부터 9까지의 공에서 합이 홀수가 되도록 꺼내야 한다. →

$\frac{1}{6}\times\frac{{}_3C_1\cdot{}_2C_1}{{}_9C_2}=\frac{1}{6}\cdot\frac{6}{36}$

주사위 눈이 3이라면 3의 배수이므로 3개의 공을 꺼낸다. 이때, 4부터 9까지의 공에서 합이 홀수가 되도록 꺼내야 한다. →

$\frac{1}{6}\times\frac{{}_3C_3+{}_3C_1\cdot{}_3C_2}{{}_9C_3}=\frac{1}{6}\cdot\frac{10}{84}$

주사위 눈이 6이라면 3의 배수이므로 3개의 공을 꺼낸다. 이때, 7부터 9까지의 공에서 합이 홀수가 되도록 꺼내야 하는데 불가능하다.

합이 홀수이면서 주사위 눈이 주머니에서 꺼낸 모든 공에 적힌 수보다 작을 확률은

$\frac{1}{6}\cdot\frac{16}{36}+\frac{1}{6}\cdot\frac{12}{36}+\frac{1}{6}\cdot\frac{6}{36}+\frac{1}{6}\cdot\frac{10}{84}$이다.

따라서 구하는 값은

$$\frac{\frac{1}{6}\cdot\frac{16}{36}+\frac{1}{6}\cdot\frac{12}{36}+\frac{1}{6}\cdot\frac{6}{36}+\frac{1}{6}\cdot\frac{10}{84}}{\frac{1}{2}\cdot\frac{20}{36}+\frac{1}{3}\cdot\frac{40}{84}}$$

$=\frac{\frac{34}{36}+\frac{5}{42}}{\frac{60}{36}+\frac{40}{42}}=\frac{238+30}{420+240}=\frac{268}{660}=\frac{67}{165}$이므로 $p+q=232$이다.

30) 정답 109
[출제자 : 김종렬T]
[검토자 : 김진성T]
먼저 $f(0)$, $f(3)$, $f(6)$이 이 순서로 등차수열을 이루므로
등차중항에 의하여
$f(0)+f(6)=2f(3)$을 만족한다.
$f(3)-f(0)=f(6)-f(3)$이고 $P(0\le X\le 3)=P(3\le X\le 6)$이다.
확률변수 X의 구간의 길이가 동일하게 3이므로 확률변수 X의
평균 m은 3이어야 한다.
또한 두 점 $(1,\ f(1))$, $(5,\ f(5))$를 지나는 직선의 기울기는

$$n=\frac{f(5)-f(1)}{5-1}=\frac{\mathrm{P(X\le 5)-P(X\le 1)}}{4}=\frac{\mathrm{P(1\le X\le 5)}}{4}$$

$$=\frac{\mathrm{P}\left(\frac{1-3}{2}\le \mathrm{Z}\le \frac{5-3}{2}\right)}{4}=\frac{\mathrm{P(-1\le Z\le 1)}}{4}=\frac{2\mathrm{P(0\le Z\le 1)}}{4}$$

$$=\frac{0.34}{2}=0.17$$

$\therefore\ 100n=100\times 0.17=17$

또한 $g(x)=x^3+\frac{3}{2}x^2+px+1$에서 $g'(x)=3x^2+3x+p$
함수 $g(x)$가 $x=a$에서 극댓값을 갖고, $x=b$에서 극솟값을 가지므로
$g'(a)=g'(b)=0,\ a\ne b$
$3x^2+3x+p=0$의 두 근이 $a,\ b$이므로 근과 계수의 관계에 의하여
$a+b=-1,\ ab=\frac{p}{3}$
두 점 $(a,\ g(a))$, $(b,\ g(b))$를 지나는 직선의 기울기가 $100n$이므로

$$\frac{\left(a^3+\frac{3}{2}a^2+pa+1\right)-\left(b^3+\frac{3}{2}b^2+pb+1\right)}{a-b}$$

$$=\frac{(a^3-b^3)+\frac{3}{2}(a^2-b^2)+p(a-b)}{a-b}$$

$$=(a^2+ab+b^2)+\frac{3}{2}(a+b)+p\ =(a+b)^2-ab+\frac{3}{2}(a+b)+p$$

$$=(-1)^2-\frac{p}{3}+\frac{3}{2}\times(-1)+p\ =\frac{2}{3}p-\frac{1}{2}=100n=17$$

$\therefore\ p=\frac{105}{4}$　　　$\therefore\ \alpha+\beta=109$

미적분

[출제자:황보백T]

23) 정답 ①
[검토자 : 김가람T]

$$\lim_{n\to\infty}\left(\frac{2n}{3n+1}-\frac{n}{2n+1}\right)=\frac{2}{3}-\frac{1}{2}=\frac{1}{6}$$

24) 정답 ③
[검토자 : 김가람T]
$u(x)=x,\ v'(x)=\cos x$
$u'(x)=1,\ v(x)=\sin x$
라 하면

$$\int_0^{\pi} x\cos x\,dx$$

$$=[x(\sin x)]_0^{\pi}-\int_0^{\pi}\sin x\,dx$$

$$=[\cos x]_0^{\pi}=-2$$

25) 정답 ⑤
[그림 : 배용제T]
[검토자 : 김가람T]
직선 $x=t\ (1\le t\le 2)$를 포함하고 x축에 수직인 평면으로 자른
단면의 넓이를 $S(t)$라 하면

$$S(t)=\left(t+\frac{1}{t}\right)^2=t^2+2+\frac{1}{t^2}$$

따라서 구하는 입체도형의 부피는

$$\int_1^2 S(t)dt=\int_1^2\left(t^2+2+\frac{1}{t^2}\right)dt$$

$$=\left[\frac{1}{3}t^3+2t-\frac{1}{t}\right]_1^2$$

$$=\left(\frac{8}{3}+4-\frac{1}{2}\right)-\left(\frac{1}{3}+2-1\right)$$

$$=\frac{29}{6}$$

26) 정답 ④
[검토자 : 김가람T]
두 등식

$$\cos\alpha+\cos\beta=\frac{\sqrt{3}}{2},\ \ \sin\alpha+\sin\beta=\frac{\sqrt{3}}{2}\tan(\alpha-\beta)$$

의 양변을 각각 제곱하면

$$\cos^2\alpha+2\cos\alpha\cos\beta+\cos^2\beta=\frac{3}{4}\quad\cdots\cdots\ ㉠$$

$$\sin^2\alpha+2\sin\alpha\sin\beta+\sin^2\beta=\frac{3}{4}\tan^2(\alpha-\beta)\quad\cdots\cdots\ ㉡$$

㉠+㉡에서

$$1+2(\cos\alpha\cos\beta+\sin\alpha\sin\beta)+1=\frac{3}{4}\{1+\tan^2(\alpha-\beta)\}$$

삼각함수의 덧셈정리와 삼각함수의 성질에 의하여

$$2+2\cos(\alpha-\beta)=\frac{3}{4}\sec^2(\alpha-\beta)$$

이때 $\alpha-\beta=\theta$라 하면

$$8+8\cos\theta=\frac{3}{\cos^2\theta},\ \ 8\cos^3\theta+8\cos^2\theta-3=0,$$

$$(2\cos\theta-1)(4\cos^2\theta+6\cos\theta+3)=0$$

$$\therefore\ \cos\theta=\frac{1}{2}$$

27) 정답 ③

[검토자 : 김가람T]

$y=b\cos x$ 와 x축, y축으로 둘러싸인 부분의 넓이는

$$\int_0^{\frac{\pi}{2}} b\cos x\,dx = [b\sin x]_0^{\frac{\pi}{2}} = b$$

또한 닫힌구간 $[0\ ,\ \pi]$ 에서 곡선 $y=b\cos x$ 와 $y=a\sin x$ 의 교점의 x좌표를 α라고 하면

$b\cos\alpha = a\sin\alpha \left(0<\alpha<\frac{\pi}{2}\right)$, $\tan\alpha = \frac{b}{a}$ 이므로

$\sin\alpha = \frac{b}{\sqrt{a^2+b^2}}$, $\cos\alpha = \frac{a}{\sqrt{a^2+b^2}}$

따라서 문제의 조건을 만족하려면

$2\int_0^{\alpha}\{b\cos x - a\sin x\}dx = b$이어야 한다.

$2\int_0^{\alpha}\{b\cos x - a\sin x\}dx = 2[b\sin x + a\cos x]_0^{\alpha}$

$= 2(b\sin\alpha + a\cos\alpha - a)$

$= 2\left(\sqrt{a^2+b^2}-a\right) = b$

$2\sqrt{a^2+b^2} = 2a+b$ 에서 양변을 제곱하면

$4(a^2+b^2) = (2a+b)^2$, $3b^2-4ab=0$

$a\neq 0$이므로 $\frac{b}{a} = \frac{4}{3}$ 이다.

28) 정답 ④

[그림 : 최성훈T]

[검토자 : 이지훈T]

$f'(x)=\ln x$이므로 $g'(1)=f'(1)=0$, $g'(e)=f'(e)=1$이다. …㉠

이차함수 $g(x)=ax^2+bx+c$라 할 때,

$g'(x)=2ax+b$이므로 ㉠에서

$2a+b=0$, $2ae+b=1$

연립방정식을 풀면

$a=\frac{1}{2(e-1)}$, $b=-\frac{1}{e-1}$

따라서 $g(x)=\frac{1}{2(e-1)}x^2-\frac{1}{e-1}x+c$이다.

$k(x)=f(x)-g(x)$라 하면

$k'(x)=f'(x)-g'(x)$이므로 ㉠에서 두 도함수 $f'(x)$와 $g'(x)$의 그래프에 따른 함수 $k(x)$의 그래프 개형은 다음과 같다.

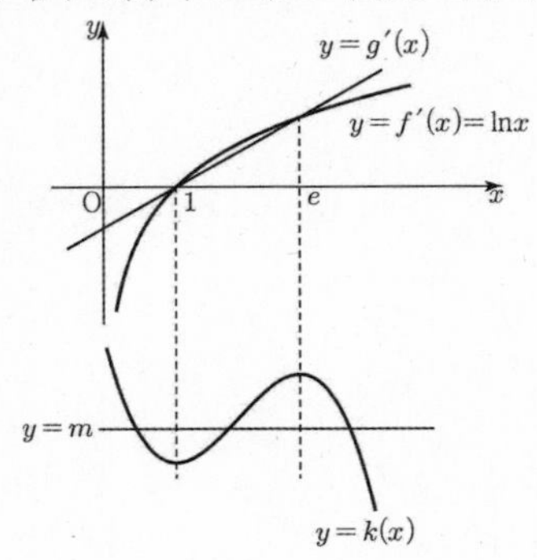

$k'(x)=f'(x)-g'(x)$가

$0<x<1$일 때, $k'(x)<0$

$1<x<e$일 때, $k'(x)>0$

$x>e$일 때, $k'(x)<0$이므로

함수 $k(x)$는 $x=1$에서 극솟값을 갖고 $x=e$에서 극댓값을 갖는다.

$g(x)=\frac{1}{2(e-1)}x^2-\frac{1}{e-1}x+c$

$\quad=\frac{1}{2(e-1)}(x-1)^2-\frac{1}{2(e-1)}+c$

에서 이차함수 $g(x)$는 최솟값 $g(1)$을 갖는다.

따라서 $h(x)=k(g(x))$에서 함수 $h(x)$의 극솟값 m에 대하여 방정식 $h(x)=m$의 실근의 개수가 3이기 위해서는 겉함수 $k(x)$와 속함수 $g(x)$의 관계는 다음과 같아야 한다.

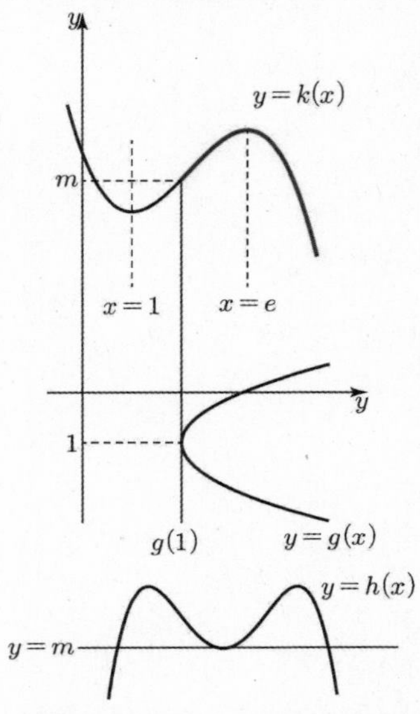

$h(x)=k(g(x))$이고 방정식 $k(g(x))=m$의 서로 다른 실근의 개수가 3이기 위해서는 $k(x)$의 최솟값이 1이상 e미만의 값이어야 한다.

$1\le g(1)<e$

$1\le c-\frac{1}{2(e-1)}<e$

$1+\frac{1}{2(e-1)}\le c<e+\frac{1}{2(e-1)}$

$g(0)=c$이므로 $g(0)$의 최솟값은 $\frac{2e-1}{2e-2}$이다.

29) 정답 27

[검토자 : 조남웅T]

두 등비수열 $\{a_n\}$, $\{b_n\}$의 첫째항을 각각 a_1, b_1이라 하고 공비를 각각 r_1, r_2라 하자.

$a_n=a_1r_1^{n-1}$, $b_n=b_1r_2^{n-1}$이고 두 급수 $\sum_{n=1}^{\infty}a_n$, $\sum_{n=1}^{\infty}b_n$이 수렴하므로

$-1<r_1<1$, $-1<r_2<1$ $(r_1r_2\neq 0)$이다.

따라서 $\sum_{n=1}^{\infty}a_n=\frac{a_1}{1-r_1}$, $\sum_{n=1}^{\infty}b_n=\frac{b_1}{1-r_2}$ …… ㉠

또한 $\frac{a_n}{b_n}=\left(\frac{a_1}{b_1}\right)\left(\frac{r_1}{r_2}\right)^{n-1}$ 이고 급수 $\sum_{n=1}^{\infty}\left(\frac{a_n}{b_n}\right)$이 수렴하므로

$-1<\frac{r_1}{r_2}<1$이다.

$$\sum_{n=1}^{\infty}\left(\frac{a_n}{b_n}\right)=\frac{\frac{a_1}{b_1}}{1-\frac{r_1}{r_2}} \quad \cdots\cdots \text{ ㉡}$$

㉠, ㉡에서

$$\frac{\frac{a_1}{b_1}}{1-\frac{r_1}{r_2}}=\frac{\frac{a_1}{1-r_1}}{\frac{b_1}{1-r_2}}$$

$$\frac{a_1}{b_1}\times\frac{r_2}{r_2-r_1}=\frac{a_1}{b_1}\times\frac{1-r_2}{1-r_1}$$

$$\frac{r_2}{r_2-r_1}=\frac{1-r_2}{1-r_1}$$

$$r_2-r_1r_2=r_2-r_1-r_2^2+r_1r_2$$

$$r_2^2-2r_1r_2+r_1=0 \quad \cdots\cdots \text{ ㉢}$$

한편, $\sum_{n=1}^{\infty}b_n=4\times\sum_{n=1}^{\infty}b_{2n}$에서

$$\frac{b_1}{1-r_2}=\frac{4b_1r_2}{1-r_2^2}$$

$$1-r_2^2=4r_2-4r_2^2$$

$$3r_2^2-4r_2+1=0$$

$$(3r_2-1)(r_2-1)=0$$

$\therefore\ r_2=\frac{1}{3}\ (\because\ r_2\neq 1)$ ☜ $(\because\ -1<r_2<1)$

㉢에서 $\frac{1}{9}-\frac{2}{3}r_1+r_1=0$이므로 $r_1=-\frac{1}{3}$이다.

따라서 $a_n=a_1\left(-\frac{1}{3}\right)^{n-1}$

$a_3=a_1\times\frac{1}{9}=1$에서 $a_1=9$이다.

그러므로

$$\sum_{n=1}^{\infty}a_n=\frac{9}{1-\left(-\frac{1}{3}\right)}=\frac{9}{\frac{4}{3}}=\frac{27}{4}$$

$$\therefore\ 4\times\sum_{n=1}^{\infty}a_n=27$$

30) **정답** 55
[그림 : 이호진T]
[검토자 : 이소영T]

주어진 식에서 $x_k=m+\frac{k}{n}$이라 하면

$\Delta x=\frac{1}{n}$이고 $x_0=m,\ x_n=m+1$

이므로

$$\lim_{n\to\infty}\frac{1}{n}\sum_{k=1}^{n}f\left(m+\frac{k}{n}\right)=\int_m^{m+1}f(x)\,dx$$

이다. 함수 $y=f(x)$의 그래프를 그려보면 다음과 같다.

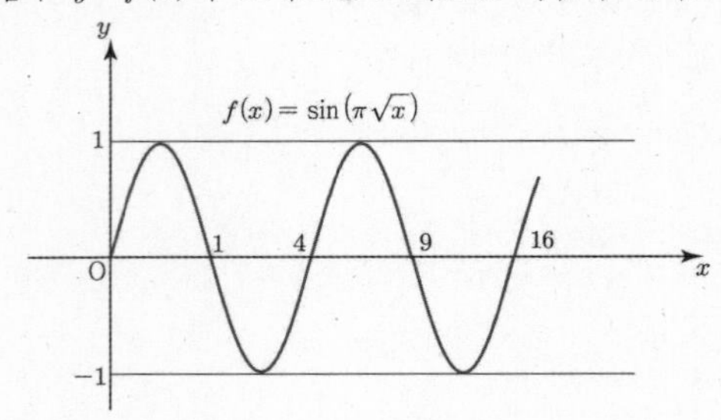

이때 그림에서

$$\int_m^{m+1}f(x)\,dx<0$$

를 만족시키는 자연수 m은 임의의 자연수 p에 대하여

$(2p-1)^2\le m<(2p)^2$ (k는 자연수)

를 만족시킨다. $p=1,\ 2,\ 3,\ \cdots$ 일 때 조건을 만족시키는 m의 개수를 구하면

$p=1$일 때 $1\le m<4$에서 3개

$p=2$일 때 $9\le m<16$에서 7개

$p=3$일 때 $25\le m<36$에서 11개

$p=4$일 때 $49\le m<64$에서 15개

$p=5$일 때 $81\le m<100$에서 19개

으로 모든 자연수 m의 개수는

$3+7+11+15+19=55$

이다.

기하

[출제자:황보백T]

23) 정답 ④

[검토자 : 장선정T]

선분 AB를 $m:n$ 으로 외분하는 점 P 의 좌표는

$\left(\frac{m\times2-n\times3}{m-n},\ \frac{m\times(-1)-n\times a}{m-n},\ \frac{m\times a-n\times1}{m-n}\right)$

이때 점 P 가 y축 위에 있으므로 x 좌표와 z 좌표는 모두 0 이다.

따라서 $2m-3n=0$ 이고 $ma-n=0$ 이므로

$n=\frac{2}{3}m=ma$

$a=\frac{2}{3}$, $n=\frac{2}{3}m$ $(m>0)$

따라서 점 P 의 y 좌표는

$\frac{-m-\frac{2}{3}m\times\frac{2}{3}}{m-\frac{2}{3}m}=\frac{-\frac{13}{9}}{\frac{1}{3}}=-\frac{13}{3}$

24) 정답 ②

[검토자 : 장선정T]

곡선 $x^2-\frac{y^2}{b^2}=1$의 주축의 길이가 2이므로

$|\overline{PF}-\overline{PF'}|=2$

이다. $\overline{PF}>\overline{PF'}$이라 하면 $\overline{PF}+\overline{PF'}=6$이므로

$\overline{PF}=4,\ \overline{PF'}=2$

이다. 또한, $\angle FPF'=90°$이므로

$\overline{FF'}=\sqrt{4^2+2^2}=2\sqrt{5} \Rightarrow c=\sqrt{5}$

이다.

$\therefore\ b^2=(\sqrt{5})^2-1^2=4$

25) 정답 ①

[검토자 : 장선정T]

$\vec{p}=(x,\ y)$라 하면

$\vec{p}\cdot\vec{b}=(\vec{a}+\vec{b})\cdot\vec{a} \Rightarrow x+2y=2$ …… ㉠

이므로 점 $(x,\ y)$는 직선 $x+2y=2$ 위의 점이다. 또한,

$|\vec{p}-\vec{a}|=1 \Rightarrow (x-1)^2+y^2=1$ …… ㉡

이므로 점 $(x,\ y)$는 중심이 $(1,\ 0)$이고 반지름의 길이가 1인 원 위의 점이다. ㉠, ㉡을 연립하면 점 $(x,\ y)$는

$\left(\frac{2}{5},\ \frac{4}{5}\right)$ 또는 $(2,\ 0)$

이므로 $|\vec{p}|$의 최솟값은

$|\vec{p}|=\sqrt{\left(\frac{2}{5}\right)^2+\left(\frac{4}{5}\right)^2}=\frac{2\sqrt{5}}{5}$

이다.

26) 정답 ④

[검토자 : 장선정T]

구의 중심의 좌표는 $(-1,2,3)$이므로 구의 방정식은

$(x+1)^2+(y-2)^2+(z-3)^2=r^2$

이 구와 xy평면이 만나서 생기는 원의 방정식은

$(x+1)^2+(y-2)^2=r^2-9,\ z=0$ 이므로

$r^2-9=16$

$\therefore r=5$

구 $(x+1)^2+(y-2)^2+(z-3)^2=25$와 yz평면이 만나서 생기는 원의 방정식은

$(y-2)^2+(z-3)^2=24, x=0$

따라서 반지름의 길이가 $\sqrt{24}$인 원이므로 이 원의 넓이는 24π 이다.

27) 정답 ⑤

[검토자 : 장선정T]

이 포물선의 초점 F의 좌표는 $(3,\ 0)$이다.

두 삼각형 AH_1B, H_1H_2B의 밑변을 각각 선분 AH_1, BH_2라 하고 높이를 H_1H_2라 하면, 두 삼각형의 높이가 같으므로 밑변의 길이의 비는 넓이의 비와 같다.

$\overline{AH_1}:\overline{BH_2}=2:1$

$\overline{AH_1}=2\overline{BH_2}$

포물선의 정의에 의하여

$\overline{AH_1}=\overline{FA},\ \overline{BH_2}=\overline{FB}$이므로

$\overline{FA}=2\overline{FB}$

$\overline{FB}=k$라 하자.

직선 AB가 이 포물선의 준선과 만나는 점을 T라 하면 직각삼각형 BH_2T와 직각삼각형 AH_1T는 닮음비가 $1:2$인 닮음으로 $\overline{AB}=\overline{BT}$이므로 $\overline{BT}=3k$

원점 O에서 포물선의 준선에 내린 수선의 발을 H_3이라 하면 직각삼각형 BH_2T와 직각삼각형 FH_3T는 서로 닮음이므로

$\overline{FT}:\overline{FH_3}=\overline{BT}:\overline{BH_2}$

$4k:6=3k:k$

$k=\frac{9}{2}$

따라서 $\overline{FA}=2k=9$

28) 정답 ①

[출제자 : 황보성호T]

[그림 : 강민구T]

[검토자 : 안형진T]

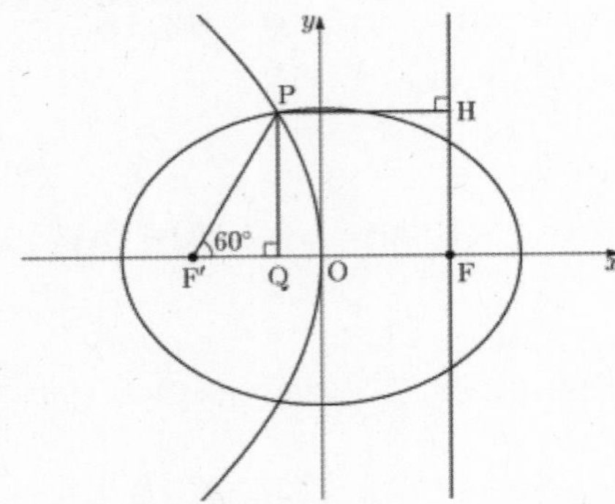

초점이 점 $F'(-c,\ 0)$인 포물선의 준선이 $x=c$이므로 점 P에서 x축, 직선 $x=c$에 내린 수선의 발을 각각 Q, H라 하면

포물선의 정의에 의해 $\overline{PH}=\overline{PF'}$

$\overline{PF'}=k\ (k>0)$라 하면 $\overline{PH}=k$

타원 $\dfrac{x^2}{4}+\dfrac{y^2}{b^2}=1$의 장축의 길이가 4이므로 타원의 정의에 의하여

$\overline{PF}+\overline{PF'}=4$이므로 $\overline{PF}=4-k$

삼각형 $PF'Q$에서 $\overline{F'Q}=\dfrac{k}{2}$, $\overline{QF}=\overline{PH}=k$

(i) $\overline{FF'}=\overline{F'Q}+\overline{QF}$에서 $2c=\dfrac{k}{2}+k$, $2c=\dfrac{3}{2}k$, $c=\dfrac{3}{4}k$ $\cdots$ ㉠

(ii) 삼각형 PFF'에서 코사인법칙에 의하여

$(4-k)^2=k^2+(2c)^2-2\cdot k\cdot 2c\cdot \cos 60^\circ$

$k^2-8k+16=k^2+4c^2-2ck$

$2c^2-ck+4k-8=0$ $\cdots$ ㉡

㉠을 ㉡에 대입하면 $2\left(\dfrac{3}{4}k\right)^2-\left(\dfrac{3}{4}k\right)k+4k-8=0$

$\dfrac{3}{8}k^2+4k-8=0$, $3k^2+32k-64=0$

$k>0$이므로 $k=\dfrac{-16+8\sqrt{7}}{3}$

$c=\dfrac{3}{4}\times\dfrac{8(\sqrt{7}-2)}{3}=2(\sqrt{7}-2)$

$4-b^2=c^2$이므로

$b^2=4-c^2=4-4(11-4\sqrt{7})=16\sqrt{7}-40=8(2\sqrt{7}-5)$

29) 정답 363

[출제자 : 김진성T]

[그림 : 이정배T]

[검토자 : 서영만T]

$\angle AO_2D=60^\circ$, $\angle BO_2C=60^\circ$이므로 사각형 BO_2DC는 평행사변형이고, $\overline{BC}\,//\,\overline{O_2D}$ 와 $\overline{O_2D}\,//\,\overline{PM}$ 이므로 사각형 BPMC는 한 평면 위에 존재한다.

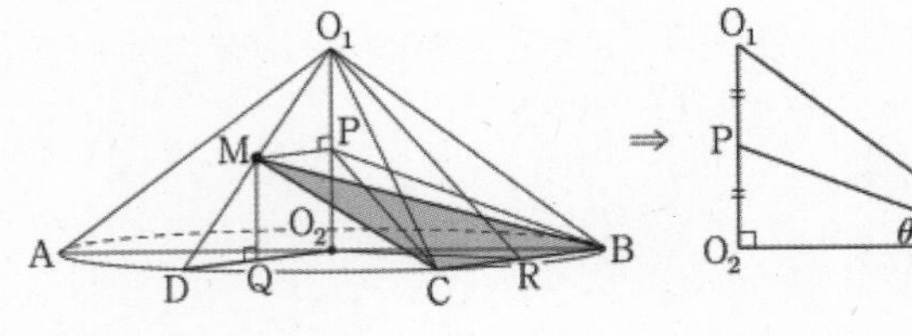

$\angle O_1RP=\theta$라 하자.

$\overline{O_1R}=\sqrt{21}$, $\overline{O_1P}=\dfrac{3}{2}$, $\overline{PR}=\dfrac{\sqrt{57}}{2}$이므로 코사인법칙에 의해

$$\cos\theta=\frac{\sqrt{21}^2+\dfrac{\sqrt{57}^2}{4}-\dfrac{9}{4}}{2\times\sqrt{21}\times\dfrac{\sqrt{57}}{2}}$$

$$=\frac{11}{\sqrt{133}}$$

삼각형 MBC의 넓이(A)를 구하면 $\overline{BC}\,//\,\overline{PM}$ 이므로

$A=\dfrac{1}{2}\times\overline{BC}\times\overline{PR}$

$=\dfrac{1}{2}\times 4\times\dfrac{\sqrt{57}}{2}$

$=\sqrt{57}$

따라서 구하는 정사영의 넓이(S)

$S=A\times\cos\theta=\sqrt{57}\times\dfrac{11}{\sqrt{133}}=\dfrac{11\sqrt{3}}{\sqrt{7}}$

$\therefore 7S^2=363$

30) **정답** 52

[출제자 : 김종렬T]

[그림 : 이정배T]

[검토자 : 오정화T]

(가)에서 점 P는 선분 AB를 지름으로 하는 원 위의 점이고, (나)에서 점 Q는 선분 AP의 중점이다.

따라서 그림에서 $\overline{BP} /\!/ \overline{OQ}$ (단, O는 선분 AB의 중점)이므로 $\overline{OQ} \perp \overline{AQ}$이다.

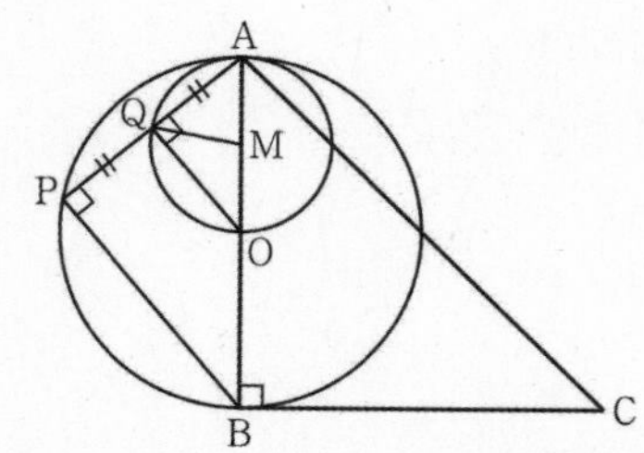

그러므로 점 Q는 선분 AO를 지름으로 하는 원 위의 점이다.

이때, 선분 OA의 중점을 M이라 하면 $\overline{MQ} = \frac{1}{2}\overline{OP} = 1$이므로

$|\overrightarrow{CQ}| = \overline{CQ} \le \overline{CM} + \overline{MQ} = \sqrt{4^2+3^2}+1 = 6$

(단, 등호는 점 M이 선분 CQ 위에 있을 때 성립)

따라서 $|\overrightarrow{CQ}|$의 최댓값 $p = 6$이다.

또한 $|\overrightarrow{CQ}|$의 최솟값 q은 $|\overrightarrow{CQ}| \ge \overline{CM} - \overline{MQ} = \sqrt{4^2+3^2}-1 = 4$ 이므로 $q = 4$이다.

(단, 등호는 점 M이 직선 CQ 위에 있을 때 성립)

$\therefore\ p^2 + q^2 = 36 + 16 = 52$

랑데뷰☆수학 모의고사 - 시즌1 제3회

공통과목

1	②	2	③	3	②	4	⑤	5	②
6	①	7	⑤	8	①	9	③	10	⑤
11	④	12	④	13	③	14	①	15	⑤
16	21	17	11	18	6	19	8	20	930
21	10	22	30						

확률과 통계

23	③	24	⑤	25	②	26	④	27	③
28	①	29	9	30	236				

미적분

23	④	24	⑤	25	⑤	26	②	27	③
28	③	29	2	30	37				

기하

23	④	24	③	25	③	26	②	27	②
28	⑤	29	8	30	48				

랑데뷰☆수학 모의고사 - 시즌1 제3회 풀이

[출제자:황보백]

공통과목

1) 정답 ②

[검토자 : 오정화T]

$\log_2 3+\log_2\left(\frac{4}{3}\right)=\log_2 4=2$

2) 정답 ③

[검토자 : 오정화T]

$f'(x)=(3x^2-2)(x+1)+(x^3-2x)$이므로

$f'(1)=1\times 2-1=1$

3) 정답 ②

[검토자 : 오정화T]

$\sin\theta+\cos\theta=1$의 양변을 제곱하면

$\sin^2\theta+2\sin\theta\cos\theta+\cos^2\theta=1$

$1+2\sin\theta\cos\theta=1$

$\sin\theta\cos\theta=0$

$\sin^3\theta+\cos^3\theta$

$=(\sin\theta+\cos\theta)^3-3\sin\theta\cos\theta(\sin\theta+\cos\theta)$

$=(1)^3-3\times(0)\times(1)$

$=1$

4) 정답 ⑤

[검토자 : 오정화T]

$\lim_{x\to 2-}f(x)-\lim_{x\to 0+}f(x)\times\lim_{x\to 1+}f(x)$

$=0-2\times(-1)=2$

5) 정답 ②

[검토자 : 오정화T]

함수 $f(x)=\log_{\frac{1}{2}}(3x+1)+4$은 x의 값이 증가하면 $f(x)$의 값은 감소하므로 $1\le x\le 5$에서 함수 $f(x)$의 최솟값은

$f(5)=\log_{\frac{1}{2}}16+4=\log_{\frac{1}{2}}2^4+4=-4+4=0$

함수 $f(x)$의 최댓값은

$f(1)=\log_{\frac{1}{2}}4+4=\log_{\frac{1}{2}}2^2+4$

$=-2+4=2$

따라서 함수 $f(x)$의 최댓값과 최솟값의 합은

$0+2=2$

6) 정답 ①

[검토자 : 필재T]

$\int_{-1}^{1}f(x)dx=\int_{-1}^{1}(2x^3+6x^2+ax)dx$

$=\int_{-1}^{1}(2x^3+ax)dx+\int_{-1}^{1}6x^2dx$

$=0+2\left[2x^3\right]_0^1$

$=4$

$f(1)=2+6+a=a+8$

$f'(x)=6x^2+12x+a$에서 $f'(0)=a$

따라서

$4=a+a+8$

$2a=-4$

$a=-2$

7) 정답 ⑤

[검토자 : 필재T]

$f(2)=8-24+16=0$

$f(x)=x^3-12x+16$에서 $f'(x)=3x^2-12$이므로

$f'(2)=12-12=0$

따라서 곡선 $y=f(x)$ 위의 점 $\mathrm{A}(2,\ f(2))$에서의 접선의 방정식은 $y=0$

이때 직선 $y=0$와 곡선 $y=f(x)$의 교점의 x좌표는

$x^3-12x+16=0,\ (x-2)^2(x+4)=0$

$\therefore\ x=-4$ 또는 $x=2$

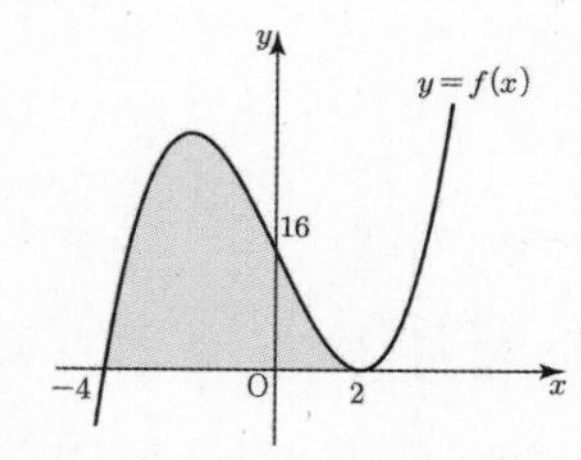

따라서 곡선 $y=f(x)$ 위의 점 $\mathrm{A}(2,\ f(2))$에서의 접선과 곡선 $y=f(x)$로 둘러싸인 부분의 넓이는

$\int_{-4}^{2}(x^3-12x+16)dx=\left[\frac{1}{4}x^4-6x^2+16x\right]_{-4}^{2}=108$

[랑데뷰팁]

$y=(x-2)^2(x+4)$와 x축으로 둘러싸인 부분의 넓이 S

$S=\frac{\{2-(-4)\}^4}{12}=108$

8) 정답 ①

[검토자 : 필재T]

$\overline{\mathrm{AC}}:\overline{\mathrm{CB}}=3:1$이고

$2=\log_2\left(\frac{3}{4}a-1\right)$

$a=\frac{20}{3}$

따라서 $\frac{3}{4}a=5$이다.

$2=\log_2(x-1)$이므로 $x=5$

9) 정답 ③

[검토자 : 필재T]

등차수열 $\{a_n\}$의 첫째항을 a_1, 공차를 d라 하면

$a_7=|a_9|>0$이므로 $a_9<0$이고 $a_1>0,\ d<0$이다. …… ㉠

$a_8=0$이므로 $a_1+7d=0$에서 $a_1=-7d$이다.

$\sum_{k=1}^{5}\frac{1}{a_k a_{k+2}}$

$=\frac{1}{a_{k+2}-a_k}\sum_{k=1}^{5}\left(\frac{1}{a_k}-\frac{1}{a_{k+2}}\right)$

$=\frac{1}{2d}\left(\frac{1}{a_1}+\frac{1}{a_2}-\frac{1}{a_6}-\frac{1}{a_7}\right)$

$=\frac{1}{2d}\left(\frac{1}{a_1}+\frac{1}{a_1+d}-\frac{1}{a_1+5d}-\frac{1}{a_1+6d}\right)$

$=\frac{1}{2d}\left(\frac{1}{-7d}+\frac{1}{-6d}-\frac{1}{-2d}-\frac{1}{-d}\right)$

$=\frac{1}{2d}\left(\frac{1}{-7d}+\frac{1}{-6d}+\frac{1}{2d}+\frac{1}{d}\right)$

$=\frac{1}{2d}\left(\frac{-6-7+21+42}{42d}\right)$

$=\frac{25}{42d^2}=\frac{1}{42}$

에서 $d^2=25$이므로 $d=\pm5$이다.

㉠에서 $d=-5,\ a_1=35$이다.

그러므로 $a_5=a_1+4d=35+4\times(-5)=15$이다.

10) 정답 ⑤

[검토자 : 오정화T]

$(x-\log_2 a)^2+(x-\log_2 b)^2=8$의 중심 $(\log_2 a,\ \log_2 b)$에서 직선 $x+y-16=0$까지의 거리에서 원의 반지름의 길이 $2\sqrt{2}$를 빼면 점 P에서 직선 $x+y-16=0$까지의 거리가 최소가 된다.

따라서

$5\sqrt{2}=\frac{|\log_2 a+\log_2 b-16|}{\sqrt{2}}-2\sqrt{2}$

$|\log_2 a+\log_2 b-16|=14$

$\log_2 ab=30$ 또는 $\log_2 ab=2$

$ab=2^{30}$ 또는 $ab=2^2$이다.

(i) $ab=2^{30}$일 때,

b	2^{29}	2^{28}	2^{27}	2^{25}	2^{24}	2^{20}	2^{15}
a	2	2^2	2^3	2^5	2^6	2^{10}	2^{15}
$\log_a b$	29	14	9	5	4	2	1

(ii) $ab=2^2$일 때,

b	2
a	2
$\log_a b$	1

(i), (ii)에서 순서쌍 $(a,\ b)$의 개수는 8이다.

11) 정답 ④

[검토자 : 최혜권T]

$f(x)=x^3-\frac{3}{2}ax^2+x+\frac{1}{2}a^3,\ f'(x)=3x^2-3ax+1$에서

$f(a)=a$이고 $f'(a)=1$이므로 곡선 $y=f(x)$위의 $x=a$에서의 접선의 방정식은 $y=x$이다.

또한

$f(2a)=8a^3-6a^3+2a+\frac{1}{2}a^3=\frac{5}{2}a^3+2a$

$f'(2a)=12a^2-6a^2+1=6a^2+1$

에서 곡선 $y=f(x)$위의 $x=2a$에서의 접선의 방정식은

$y=(6a^2+1)(x-2a)+\frac{5}{2}a^3+2a$

$=(6a^2+1)x-\frac{19}{2}a^3$

이다.

두 접선이 만나는 점 A의 x좌표는

$(6a^2+1)x-\frac{19}{2}a^3=x$

$6a^2x=\frac{19}{2}a^3$

$x=\frac{19}{12}a$

이다. 점 A가 $y=x$ 위의 점이므로 $\overline{OA}=2\sqrt{2}$에서 $\frac{19}{12}a=2$이다.

따라서 $a=\frac{24}{19}$이다.

12) 정답 ④

[출제자 : 최성훈T]

[검토자 : 김경민T]

사각형 RPBQ는 원 C_1에 내접하므로 $\angle ARP=\angle PBQ=\theta$이고,

$\overline{PR}:\overline{BQ}=5:8$이므로 $\overline{PR}=5k$, $\overline{BQ}=8k$,

원 C_1의 반지름의 길이를 a라 하면, $\overline{AP}=\overline{PB}=2a$이다.

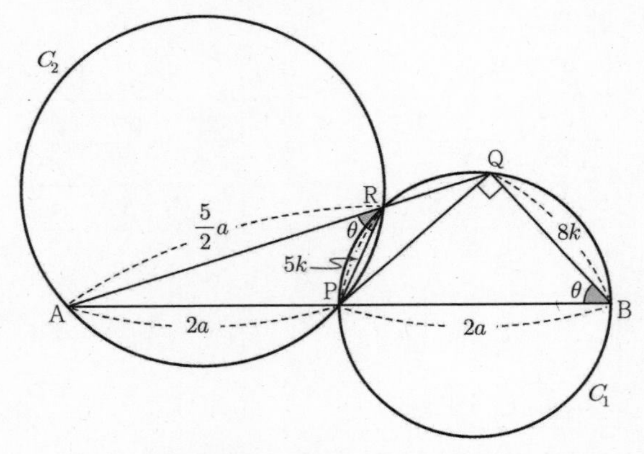

삼각형 APR과 삼각형 ABQ는 서로 닮음(AA닮음)이다.

따라서 $\overline{AR}:\overline{AB}=5:8$이므로 $\overline{AR}=\frac{5}{2}a$,

$\overline{PB}$는 원 C_1의 지름이므로 $\angle PQB=90^\circ$ 이다.

삼각형 PBQ에서 $\cos\theta=\frac{4k}{a}$이다. ……㉠

삼각형 APR에서 코사인법칙을 적용하면

$(2a)^2=\left(\frac{5}{2}a\right)^2+(5k)^2-2\times\frac{5}{2}a\times5k\times\cos\theta$

$4a^2=\frac{25}{4}a^2+25k^2-2\times\frac{5}{2}a\times5k\times\frac{4k}{a}$

$=\frac{25}{4}a^2+25k^2-100k^2$

따라서 $3a^2=100k^2 \Rightarrow \left(\frac{k}{a}\right)^2=\frac{3}{100}$ ……㉡

C_1의 반지름의 길이는 a이고,

C_2의 반지름을 R이라 할 때 삼각형 APR에서 $\frac{2a}{\sin\theta}=2R$,

$R=\frac{a}{\sin\theta}$

따라서 두 원의 넓이의 비는

$\pi a^2:\pi\left(\frac{a}{\sin\theta}\right)^2=\sin^2\theta:1$

$=(1-\cos^2\theta):1$

$=\left(1-\left(\frac{4k}{a}\right)^2\right):1$

$=\left(1-16\times\frac{3}{100}\right):1$ ($\because$ ㉠, ㉡)

$=13:25$

$m=13$, $n=25$ 이므로 $m+n=38$

13) 정답 ③

[그림 : 이호진T]

[검토자 : 한정아T]

(가)에서 $f(x)=2x^4-8x^3+\cdots$이다. …… ㉠

따라서 함수 $f'(x)$는 최고차항의 계수가 8인 삼차함수이고

(나)에서 $x=0$을 대입하면 $f'(k)\times f'(k)\le 0$에서 $f'(k)=0$이다.

모든 실수 x에 대하여 $f'(k+x)\times f'(k-x)\le 0$을 만족시키기 위해서는 다음과 같이 두 가지 경우를 생각할 수 있다.

(i) 함수 $f'(x)$가 $(k,0)$에 대칭인 경우

즉, $f'(k+x)=-f'(k-x)$이므로

$f'(k+x)\times f'(k-x)=-\{f'(k-x)\}^2\le 0$이 항상 성립한다.

따라서 $f'(0)=f'(k)=f'(2k)=0$이므로

$f'(x)=8x(x-k)(x-2k)$

$=8x^3-24kx^2+16k^2x$

$f(x)=2x^4-8kx^3+8k^2x^2+C$이다.

㉠에서 $k=1$이므로

$f(x)=2x^4-8x^3+8x^2+C$

따라서 $f(k)-f(0)=2+C-C=2$이다.

(ii) 함수 $f'(x)$가 $(k,0)$에 대칭이 아닌 경우

$\lim_{x\to\infty}f'(x)=\infty$이므로 다음 그림과 같이

$x>k$일 때, $f'(x)\ge 0$이고 $x<k$일 때, $f'(x)\le 0$이어야 한다.

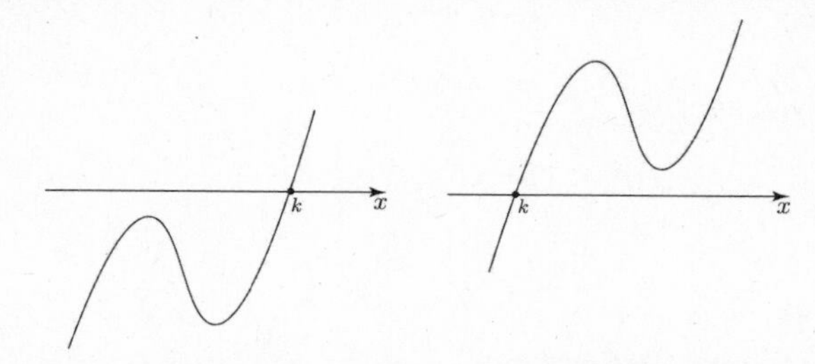

$f'(0)=0$이므로 삼차함수 $f'(x)$는 $x=0$에서 x축에 접해야 한다.
따라서
$f'(x)=8x^2(x-k)=8x^3-8kx^2$
따라서

$f(x)=2x^4-\frac{8}{3}kx^3+C$

㉠에서 $-\frac{8}{3}k=-8$

$\therefore\ k=3$
그러므로 $f(x)=2x^4-8x^3+C$
$\therefore\ f(k)=f(3)=-54+C$
$f(0)=C$이므로 $f(k)-f(0)=-54$이다.

(i), (ii)에서 $f(k)-f(0)$의 최댓값은 2, 최솟값은 -54이므로 합은 -52이다.

14) 정답 ①
[검토자 : 김상호T]
등차수열 $\{a_n\}$의 공차를 d라 하면 d는 정수이다.
$d=0$이면 모든 자연수 n에 대하여 $a_n=a_1$이므로
$a_1\le 0$이면 $S_n\le 0$에서 $b_n=a_n-1=a_1-1$이고 $a_1>0$이면
$S_n>0$에서 $b_n=7-a_n=7-a_1$이다.
이때 조건 (나)를 만족시키지 않으므로 $d\ne 0$이다. $d\ne 0$이므로 서로 다른 자연수 m과 n에 대하여 $a_m\ne a_n$이다. 따라서
$a_4-1=a_8-1$, $7-a_4=7-a_8$인 경우는 존재하지 않는다.
두 수열 $\{a_n-1\}$, $\{7-a_n\}$은 모두 공차가 0이 아닌
등차수열이므로 조건 (가)를 만족시키려면
$b_4=a_4-1$, $b_8=7-a_8$
또는
$b_4=7-a_4$, $b_8=a_8-1$
이어야 한다.
따라서 $a_4-1=7-a_8$ 또는 $7-a_4=a_8-1$에서
$a_4+a_8=8$, $2a_6=8$
$\therefore\ a_6=4$
또한 $S_4\le 0$, $S_8>0$이거나 $S_4>0$, $S_8\le 0$ …… ㉠
이어야 하고 $S_4\times S_8\le 0$이다.

$S_4=\frac{4(2a_1+3d)}{2}=4a_1+6d=4(a_6-5d)+6d=16-14d$

$S_8=\frac{8(2a_1+7d)}{2}=8a_1+28d=8(a_6-5d)+28d=32-12d$

$S_4\times S_8\le 0$을 만족시키는 정수 d의 값은 2뿐이다.
$\therefore\ d=2$
따라서
$a_6=4$이고 $d=2$인 등차수열 $\{a_n\}$과 조건에 맞는 수열 $\{b_n\}$을 표로 작성하면 다음과 같다.

n	1	2	3	4	5	6	7
a_n	-6	-4	-2	0	2	4	6
b_n	-7	-5	-3	-1	1	3	5

n	8	9	10	11	12	13	14
a_n	8	10	12	14	16	18	20
b_n	-1	-3	-5	-7	-9	-11	-13

표에서 $b_n\le b_7$이므로 조건 (나)를 만족시키는 p의 값은 7이다.
따라서 $b_{2p}=b_{14}=-13$이다.

15) 정답 ⑤
[그림 : 서태욱T]
[검토자 : 김진성T]
$f(x)=x-k$라 하고 $h(x)=\int_1^x f(t)dt$라 하면

$h(x)=\int_1^x (t-k)dt$

$=\left[\frac{1}{2}t^2-kt\right]_1^x=\frac{1}{2}x^2-kx-\frac{1}{2}+k$

$=\frac{1}{2}(x-k)^2-\frac{1}{2}k^2+k-\frac{1}{2}$ …… ㉠

$x\le k$일 때, $f(x)\le 0$이므로 $g(x)\le h(x)$이다.
$x\ge k$일 때, $f(x)\ge 0$이므로 $g(x)\ge h(x)$이다.

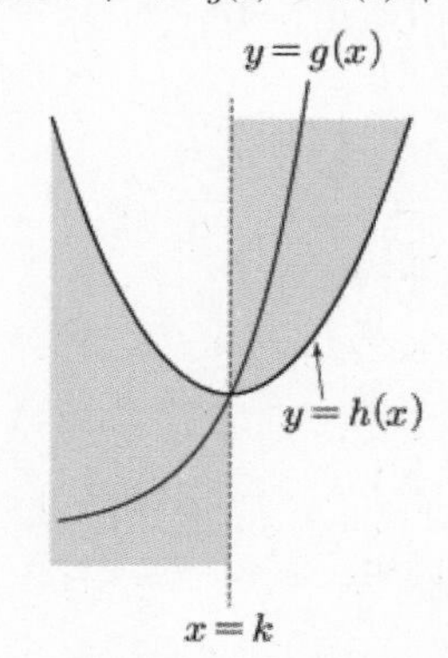

㉠에서 함수 $h(x)$는 대칭축이 $x=k$이고 최솟값이
$-\frac{1}{2}k^2+k-\frac{1}{2}$인 이차함수이다.

함수 $g(x)$의 최솟값이 0보다 크거나 같고, $\int_{-2}^{2}g(x)dx$의 값이 최소가 되기 위해서는

$h(x)$의 최솟값이 0일 때다.

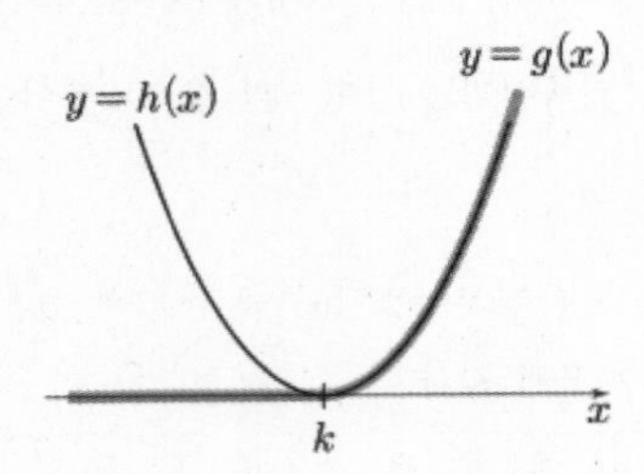

따라서

$-\frac{1}{2}k^2+k-\frac{1}{2}=0$

$k^2-2k+1=0$

$(k-1)^2=0$

$\therefore\ k=1$

㉠에서 $h(x)=\frac{1}{2}(x-1)^2$이므로

$g(x)=\begin{cases}0 & (x\le 1)\\ \frac{1}{2}(x-1)^2 & (x>1)\end{cases}$ 일 때, 조건을 만족시키고

$\int_{-2}^{2}g(x)dx$의 값이 최소이다.

그러므로

$\int_{-2}^{2}g(x)dx$

$=\int_{-2}^{1}0\,dx+\int_{1}^{2}\left\{\frac{1}{2}(x-1)^2\right\}dx$

$=\left[\frac{1}{6}(x-1)^3\right]_1^2=\frac{1}{6}$

16) **정답** 21

[검토자 : 최현정T]

등차수열 $\{a_n\}$의 공차를 d라 하면

$a_{11}-a_7=4d$이므로

$4d=12$, $d=3$

따라서

$a_6=a_1+5d=6+5\times3=21$

17) **정답** 11

[검토자 : 최현정T]

함수 $f(x)$는 미분가능하므로 연속함수이다.

$f'(x)=\begin{cases}4x & (x\ge 0)\\ 2x & (x<0)\end{cases}$

$f(x)=\int f'(x)dx=\begin{cases}2x^2+C_1 & (x\ge0)\ (C_1:\text{적분상수})\\ x^2+C_2 & (x<0)\ (C_2:\text{적분상수})\end{cases}$

$f(0)=1$이므로

$\lim_{x\to+0}f(x)=\lim_{x\to-0}f(x)=f(0)$

$C_1=C_2=1$

$f(x)=\begin{cases}2x^2+1 & (x\ge0)\\ x^2+1 & (x<0)\end{cases}$

$\therefore\ f(-1)+f(2)=2+9=11$

18) **정답** 6

[검토자 : 최현정T]

점 P의 속도와 가속도가 각각 v, a라 하면

$x=t^3-3t^2$에서

$v=\frac{dx}{dt}=3t^2-6t,\ a=\frac{dv}{dt}=6t-6$

출발 후 점 P의 속도가 0이 되는 순간은

$3t^2-6t=0,\ 3t(t-2)=0$

$\therefore\ t=2$

따라서 출발 후 점 P의 속도가 0인 시각에서의 점 P의 가속도는

$a=6\times2-6=6$

19) **정답** 8

[검토자 : 최현정T]

$y=\frac{2x+1}{x-k}=\frac{2k+1}{x-k}+2$에서

두 점근선은 $x=k$와 $y=2$이다.

$y=2$는 $y=a^{x+m}+2$꼴의 점근선이고 $y=a^{x+m}+2$꼴의 역함수는 $y=\log_a(x-2)-m$에서 점근선이 m값에 관계없이 $x=2$이다.

따라서 $k=2$이다.

함수 $y=\tan\frac{2\pi}{b}x$에서 주기가 $\frac{\pi}{\frac{2\pi}{b}}=\frac{b}{2}$이므로

$x=\frac{b}{4}$가 y축에 가장 가까운 점근선이다. $\frac{b}{4}\le 2$이므로 $b\le 8$이다.

20) **정답** 930

[검토자 : 이소영T]

$(-4)^{\frac{n+k}{2}}=(-1)^{\frac{n+k}{2}}\times2^{n+k}$이므로

$x^n=(-1)^{\frac{n+k}{2}}\times2^{n+k}$

(i) $n=2m$일 때,

방정식 $x^{2m}=(-1)^{\frac{2m+k}{2}}\times2^{2m+k}$에서 우변이 양수이면 음수해가 존재한다. 우변이 양수가 되기 위해서는 $2m+k$가 4의 배수이어야 한다. ……㉠

$2m+k$가 4의 배수이면 $(-1)^{\frac{2m+k}{2}}=1$이므로

$x^{2m}=2^{2m+k}$

$x=\pm2^{1+\frac{k}{2m}}$

이 해 중 음의 정수해가 존재하려면

k는 $2m$의 배수이어야 한다. …… ㉡

㉠, ㉡에서 k는 $2m,\ 6m,\ 10m,\ \cdots$가 가능하다.

따라서 $f(2m)=6m$

(ii) $n=2m+1$일 때,

방정식 $x^{2m+1}=(-1)^{\frac{2m+1+k}{2}}\times 2^{2m+1+k}$에서 우변이 음수이면

음수해가 존재한다. 우변이 음수가 되기 위해서는

$2m+1+k$가 4의 배수가 아닌 짝수이어야 한다. …… ㉢

$2m+1+k$가 4의 배수가 아닌 짝수이면

$(-1)^{\frac{2m+1+k}{2}}=-1$이므로

$x^{2m+1}=-2^{2m+1+k}$

$x=-2^{1+\frac{k}{2m+1}}$

이 해가 음의 정수해가 되기 위해서는

k는 $2m+1$의 배수이다. …… ㉣

㉢, ㉣에서

k는 $2m+1$의 배수 중 $2m+1,\ 5(2m+1),\ \cdots$이어야 한다. …… ㉤

따라서 $f(2m+1)=10m+5$이다.

(i), (ii)에서 $f(2m)+f(2m+1)=16m+5$이다.

따라서

$$\sum_{m=1}^{10}\{f(2m)+f(2m+1)\}$$

$$=\sum_{m=1}^{10}(16m+5)$$

$$=16\times 55+50=930$$

[랑데뷰팁] - ㉤설명

$k=2(2m+1)$이면 $2m+1+k=6m+3$으로 홀수라서 모순

$k=3(2m+1)$이면 $2m+1+k=8m+4$으로 4의 배수라서 모순

$k=4(2m+1)$이면 $2m+1+k=10m+5$으로 홀수라서 모순 이다.

[다른 풀이]-이소영T

$(-4)^{\frac{n+k}{2}}$의 n제곱근 중 음의 정수가 존재하려면 $x^n=(-4)^{\frac{n+k}{2}}$

n이 짝수이면 $(-4)^{\frac{n+k}{2}}$는 양수이고, n이 홀수이면

$(-4)^{\frac{n+k}{2}}$는 음수이면 된다.

$(-4)^{\frac{n+k}{2}}$의 n제곱근 중 음의 정수가 존재하도록 하는 자연수 k 중 두 번째로 작은 값을 $f(n)$이라 할 때,

$\sum_{m=1}^{10}\{f(2m)+f(2m+1)\}$의 값을 구해보자.

$$\sum_{m=1}^{10}\{f(2m)+f(2m+1)\}$$

$$=f(2)+f(3)+f(4)+f(5)+\cdots+f(20)+f(21)$$

$f(n)$에서 n이 짝수일 때 규칙을 확인해보면 아래와 같다.

$f(2)$는 $x^2=(-4)^{\frac{2+k}{2}}$이 음의 정수 해가 존재하려면 지수인 $\frac{2+k}{2}$는 짝수이면서 2의 배수가 되어야 한다. 자연수 k 중 두 번째로 작은 값은 $\frac{2+k}{2}=2\times 2$이므로 $f(2)=6$이다.

$f(4)$는 $x^4=(-4)^{\frac{4+k}{2}}$이 음의 정수 해가 존재하려면 지수인 $\frac{4+k}{2}$는 짝수이면서 4의 배수가 되어야 한다. 자연수 k 중 두 번째로 작은 값은 $\frac{4+k}{2}=4\times 2$이므로 $f(4)=12$이다.

따라서 $f(2m)$은 $x^{2m}=(-4)^{\frac{2m+k}{2}}$가 음의 정수 해가 존재하려면 지수인 $\frac{2m+k}{2}$는 짝수이면서 $2m$의 배수가 되어야 한다.

자연수 k 중 두 번째로 작은 값은 $\frac{2m+k}{2}=2m\times 2$이므로

$f(2m)=6m$임을 알 수 있다. … ㉠

$f(n)$에서 n이 홀수($n\geq 3$)일 때 규칙을 확인해보면 아래와 같다.

$f(3)$은 $x^3=(-4)^{\frac{3+k}{2}}$이 음의 정수 해가 존재하려면 지수인 $\frac{3+k}{2}$는 홀수이면서 3의 배수가 되어야 한다. 자연수 k 중 두 번째로 작은 값은 $\frac{3+k}{2}=3\times 3$이므로 $f(3)=15$이다.

$f(5)$는 $x^5=(-4)^{\frac{5+k}{2}}$이 음의 정수 해가 존재하려면 지수인 $\frac{5+k}{2}$는 홀수이면서 5의 배수가 되어야 한다. 자연수 k 중 두 번째로 작은 값은 $\frac{5+k}{2}=5\times 3$이므로 $f(5)=25$이다.

따라서 $f(2m+1)$은 $x^{2m+1}=\frac{2m+1+k}{2}$가 음의 정수 해가 존재하려면 지수인 $\frac{2m+1+k}{2}$는 홀수이면서 $2m+1$의 배수가 되어야 한다. 자연수 k 중 두 번째로 작은 값은 $\frac{2m+1+k}{2}=(2m+1)\times 3$이므로 $f(2m+1)=10m+5$임을 알 수 있다. … ㉡

㉠, ㉡에서 $f(2m)=6m,\ f(2m+1)=10m+5$이므로

$$\sum_{m=1}^{10}\{f(2m)+f(2m+1)\}$$

$$=\sum_{m=1}^{10}(16m+5)=16\cdot\frac{10\cdot 11}{2}+50$$

$$=930$$

이다.

21) **정답** 10
[출제자 : 황보성호T]
[그림 : 이정배T]
[검토자 : 서영만]
곡선 $y=f(x)$와 선분 OA 및 직선 $y=g(x)$로 둘러싸인 부분의 넓이를 α라 하면
곡선 $y=f(x)$와 두 직선 $x=-4$, $y=g(x)$로 둘러싸인 부분의 넓이도 α이다.
직선 $y=g(x)$가 y축과 만나는 점을 B, 삼각형 OAB의 넓이를 β라 하자.

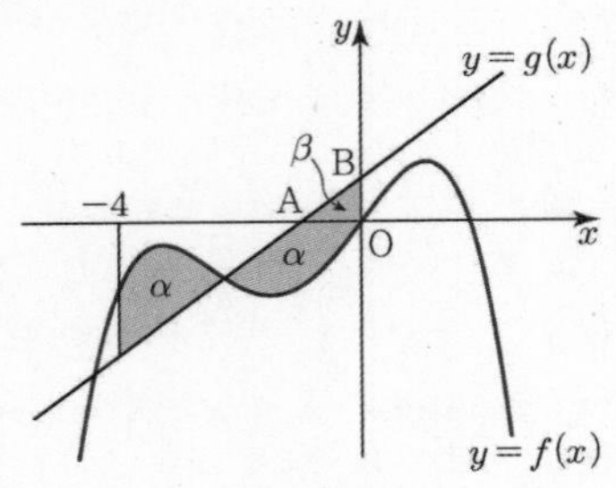

$\int_{-4}^{0}\{f(x)-g(x)\}dx$를 α, β를 이용하여 나타내면
$\int_{-4}^{0}\{f(x)-g(x)\}dx=\alpha-(\alpha+\beta)=-\beta$이다.
여기서 $\int_{-4}^{0}f(x)dx-\int_{-4}^{0}g(x)dx=-\beta$가 성립한다.
$\int_{-4}^{0}f(x)dx=-5$이므로 $\int_{-4}^{0}g(x)dx=\beta-5$
$g(x)=m(x+1)$이므로
$B(0,\ m)$에서 $\beta=\frac{1}{2}\times1\times m=\frac{m}{2}$이 성립한다.
따라서 $\int_{-4}^{0}m(x+1)dx=\frac{m}{2}-5$
$m\left[\frac{1}{2}x^2+x\right]_{-4}^{0}=\frac{m}{2}-5$
$-4m=\frac{m}{2}-5$
$\therefore m=\frac{10}{9}$
따라서 $9m=10$이다.

22) **정답** 30
[그림 : 도정영T]
[검토자 : 정찬도T]
곡선 $y=f(x)$는 주기가 4이고 $x=1$과 $x=-1$에 선대칭 곡선이다.
점 P의 x좌표를 $p(p>0)$라 하면 점 Q의 x좌표는 $-p$이고
점 P′의 x좌표는 $2-p$이다.
따라서 $\overline{PP'}=2p-2$이므로 두 정삼각형 PP′R와 QQ′S는
한 변의 길이가 $2p-2$인 정삼각형이다.
따라서 점 R의 y좌표는 $g(1)=f(p)+\frac{\sqrt{3}}{2}\overline{PP'}$이다.
$g(1)=-2\cos\left(\frac{\pi}{2}+a\right)+\frac{2\sqrt{3}}{3}$,
$f(p)+\sqrt{3}(p-1)=\sin\frac{\pi}{2}p+\sqrt{3}(p-1)$에서
$2\sin a+\frac{2\sqrt{3}}{3}=\sin\frac{\pi}{2}p+\sqrt{3}(p-1)$ …… ㉠
점 S의 y좌표는 $g(-1)=f(-p)+\frac{\sqrt{3}}{2}\overline{QQ'}$이다.
$g(-1)=-2\cos\left(-\frac{\pi}{2}+a\right)+\frac{2\sqrt{3}}{3}$,
$f(-p)+\sqrt{3}(p-1)=\sin\left(-\frac{\pi}{2}p\right)+\sqrt{3}(p-1)$에서
$-2\sin a+\frac{2\sqrt{3}}{3}=-\sin\frac{\pi}{2}p+\sqrt{3}(p-1)$ …… ㉡
㉠, ㉡에서 변변 더하면 $\frac{4}{3}\sqrt{3}=2\sqrt{3}(p-1)$
$\therefore\ p=\frac{5}{3}$이다.
따라서 점 $P\left(\frac{5}{3},\ \frac{1}{2}\right)$이다.
점 P는 직선 $y=mx$ 위의 점이므로 $m=\frac{3}{10}$이다.
따라서 $100m=30$이다.

확률과통계

[출제자:황보백T]

23) **정답** ③
[검토자 : 장세완T]
천의 자리에 올 수 있는 수의 개수는 3이고, 백의 자리와 십의 자리, 그리고 일의 자리에 올 수 있는 수의 개수는
${}_4\Pi_3=4^3=64$이므로
곱의 법칙에 의하여 구하는 경우의 수는
$3\times64=192$

24) **정답** ⑤
[검토자 : 장세완T]
확률변수 X가 이항분포 $B\left(4,\ \frac{2}{5}\right)$를 따르므로
$V(X)=4\times\frac{2}{5}\times\frac{3}{5}=\frac{24}{25}$
$\therefore V(5X)=5^2V(X)=25\times\frac{24}{25}=24$

25) 정답 ②

[검토자 : 장세완T]

(i) 첫 번째로 꺼낸 공과 두 번째로 꺼낸 공이 모두 검은 공일 확률

$\frac{4}{9}\times\frac{3}{8}=\frac{1}{6}$

(ii) 첫 번째로 꺼낸 공과 두 번째로 꺼낸 공이 모두 흰 공일 확률

$\frac{5}{9}\times\frac{4}{8}=\frac{5}{18}$

(i), (ii)에서

$\frac{1}{6}+\frac{5}{18}=\frac{3+5}{18}=\frac{4}{9}$

[다른풀이]

여사건의 확률을 이용하자.

$1-\left(\frac{4}{9}\times\frac{5}{8}+\frac{5}{9}\times\frac{4}{8}\right)$

$=1-\frac{5}{9}=\frac{4}{9}$

26) 정답 ④

[검토자 : 장세완T]

3, 6, 9 중에서 중복을 허락하여 3개를 택하는 경우의 수는

${}_3H_3={}_5C_2=10$

1, 2, 4, 5, 7, 8 중에서 중복을 허락하여 3개를 택할 때, 1은 적어도 1개 택하는 경우의 수는

${}_6H_3-{}_5H_3={}_8C_3-{}_7C_3=56-35=21$

따라서, 구하는 경우의 수는 $10\times21=210$이다.

27) 정답 ③

[검토자 : 장세완T]

학생 A가 같은 그림이 그려진 카드 3장을 받는 사건을 X, 학생 B가 다른 그림이 그려진 카드를 받는 사건을 Y라 하자.

학생 A가 같은 그림이 그려진 카드 3장을 받는 경우의 수는 3이므로

$P(X)=3\times\frac{{}_3C_3}{{}_9C_3}=\frac{1}{28}$

남은 6장의 카드 중에서 학생 B가 서로 다른 그림이 그려진 카드를 각각 1장씩 받을 확률은

$P(Y\mid X)=\frac{{}_3C_1\times{}_3C_1}{{}_6C_2}=\frac{3\times3}{15}=\frac{3}{5}$

따라서 구하는 확률은

$P(X\cap Y)=\frac{1}{28}\times\frac{3}{5}=\frac{3}{140}$

28) 정답 ①

[출제자 : 이호진T]

[검토자 : 최수영T]

미적분 선택 학생의 점수를 X라 하면

X는 정규분포 $N(70,\ 10^2)$를 따른다.

$P(X\leq 62.5)=P(Z\leq -1.75)=0.04$이다.

확률과 통계 선택 학생의 점수를 Y라 하면

Y는 $N(80,\ 20^2)$를 따른다.

$P(Y\leq 42.4)=P(Z\leq -1.88)=0.03$이다.

따라서 $\frac{0.03}{0.04+0.03}=\frac{3}{7}$

$\therefore\ p+q=10$

29) 정답 9

[검토자 : 강동희T]

시행 1에서 주머니 A에서 꺼낸 공과 주머니 B에서 꺼낸 공에 적힌 수가 서로 같으면 시행 2에서 꺼낸 2개의 공에는 서로 다른 수가 적혀 있다.

시행 1에서 두 주머니 A, B에서 꺼낸 공에 적힌 수가 서로 다르기 위해서는 주머니 A에서 꺼낸 공에 적힌 수와 다른 수가 적힌 공을 주머니 B에서 꺼내야 하므로 이 확률은 $\frac{3}{4}$

시행 2에서 공을 꺼내기 전에 주머니 A에는 서로 같은 수가 적힌 공이 2개 들어 있으므로 같은 수가 적힌 2개의 공을 꺼낼 확률은 $\frac{{}_2C_2}{{}_4C_2}=\frac{1}{6}$

따라서 구하는 확률은 $\frac{3}{4}\times\frac{1}{6}=\frac{1}{8}$이다.

$p=8,\ q=1$이므로 $p+q=9$

30) 정답 236

[출제자 : 조남웅]

[검토자 : 백상민T]

(가) 조건에 의해 선택된 홀수와 짝수의 개수는 각각

i) 1, 3 이거나 ii) 2, 2 iii) 3, 1

이다.

i) 홀수가 1개, 짝수가 3개 선택되는 경우

(홀수를 선택하는 경우의 수)$={}_3H_1$

(짝수를 선택하는 경우의 수)$={}_2H_3$

이고, 홀수끼리의 순서와 짝수끼리의 순서가 정해져 있으므로 3개의 짝수를 같은 것으로 보면

(선택한 숫자를 나열하는 경우의 수)$=\frac{4!}{3!}$

이다.

$\therefore$ (i)의 경우의 수)$={}_3H_1\times{}_2H_3\times\frac{4!}{3!}=3\times4\times4=48$

ⅱ) 홀수가 2개, 짝수가 2개 선택되는 경우
같은 방법으로 경우의 수를 구하면

(ⅱ)의 경우의 수) $= {}_3\mathrm{H}_2 \times {}_2\mathrm{H}_2 \times \frac{4!}{2! \times 2!} = 6 \times 3 \times 6 = 108$

ⅲ) 홀수가 3개, 짝수가 1개 선택되는 경우
같은 방법으로 경우의 수를 구하면

(ⅲ)의 경우의 수) $= {}_3\mathrm{H}_3 \times {}_2\mathrm{H}_1 \times \frac{4!}{3!} = 10 \times 2 \times 4 = 80$

∴ (구하는 경우의 수) $= 48 + 108 + 80 = 236$

미적분
[출제자:황보백T]

23) 정답 ④
[검토자 : 안형진T]

$f'(x) = \frac{-2x}{(x^2+1)^2}$

∴ $f'(1) = -\frac{1}{2}$

24) 정답 ⑤
[검토자 : 안형진T]
수열 $\{a_n\}$과 $\{b_n\}$이 수렴하므로

$\lim_{n\to\infty} a_n = \alpha$, $\lim_{n\to\infty} b_{n-1} = \lim_{n\to\infty} b_{n+1} = \beta$

라고 하면

$\lim_{n\to\infty} \frac{a_n + b_{n+1}}{3a_n - b_{n-1}} = \frac{\alpha+\beta}{3\alpha-\beta} = 2 \quad \therefore \beta = \frac{5}{3}\alpha$

따라서 $\lim_{n\to\infty} \frac{b_n}{a_n} = \frac{\beta}{\alpha} = \frac{5}{3}$

25) 정답 ⑤
[검토자 : 안형진T]

$\int_0^e \frac{x}{f^{-1}(x)}dx$ 의 $f^{-1}(x) = t$라 두면

$f(t) = x$이므로

$f^{-1}(0) = t$에서 $f(t) = 0$을 만족하는 $t = 0$이고

$f^{-1}(e) = t$에서 $f(t) = e$을 만족하는 $t = 1$이다.

따라서 x : $0 \to e$이면 t : $0 \to 1$이고 $dx = f'(t)dt$이에서

$\int_0^e \frac{x}{f^{-1}(x)}dx$

$= \int_0^1 \frac{f(t)f'(t)}{t}dt$

$= \int_0^1 \frac{te^t \times (1+t)e^t}{t}dt$

$= \int_0^1 (1+t)e^{2t}dt$

(부분 적분법을 적용하면)

$= \left[(1+t)\left(\frac{1}{2}e^{2t}\right) - \left(\frac{1}{4}e^{2t}\right)\right]_0^1$

$= 2 \times \frac{1}{2}e^2 - \frac{1}{4}e^2 - \frac{1}{2} + \frac{1}{4}$

$= \frac{3}{4}e^2 - \frac{1}{4}$

$= \frac{3e^2 - 1}{4}$

26) 정답 ②
[검토자 : 안형진T]

$\int_e^{2e^2} \frac{1}{xf'(g(x))}dx$에서 $x = f(t)$라 하면

x : $e \to 2e^2$일 때, t : $e \to e^2$이고

$dx = f'(t)dt$이므로

$\int_e^{2e^2} \frac{1}{xf'(g(x))}dx$

$= \int_e^{e^2} \left(\frac{1}{f(t)f'(t)} \times f'(t)\right)dt$

$= \int_e^{e^2} \frac{1}{f(t)}dt$

$= \int_e^{e^2} \frac{1}{t\ln t}dt$

$\ln t = u$라 하면

$= \int_1^2 \frac{1}{u}du$

$= \left[\ \ln u\ \right]_1^2$

$= \ln 2$

27) 정답 ③
[검토자 : 안형진T]

$\frac{dx}{dt} = 2e^{2t}(\sin 3t - \cos 3t) + 3e^{2t}(\cos 3t + \sin 3t)$

$= e^{2t}(5\sin 3t + \cos 3t)$

$\frac{dy}{dt} = 2e^{2t}(\sin 3t + \cos 3t) + 3e^{2t}(\cos 3t - \sin 3t)$

$= e^{2t}(-\sin 3t + 5\cos 3t)$

이므로

$\left(\frac{dx}{dt}\right)^2 + \left(\frac{dy}{dt}\right)^2 = e^{4t}\{(5\sin 3t + \cos 3t)^2 + (-\sin 3t + 5\cos 3t)^2\}$

$= e^{4t}(26\sin^2 3t + 26\cos^2 3t)$

$= 26e^{4t}$

$\sqrt{\left(\frac{dx}{dt}\right)^2+\left(\frac{dy}{dt}\right)^2}=\sqrt{26}\,e^{2t}$

따라서 구하는 곡선의 길이는

$\int_0^1 \sqrt{\left(\frac{dx}{dt}\right)^2+\left(\frac{dy}{dt}\right)^2}\,dt$

$=\int_0^1 \sqrt{26}\,e^{2t}\,dt=\sqrt{26}\left[\frac{e^{2t}}{2}\right]_0^1=\frac{\sqrt{26}}{2}(e^2-1)$

28) 정답 ③

[출제자 : 이소영T]

[그림 : 이정배T]

[검토자 : 이진우T]

[문항 수정 및 풀이 : 이정배T]

함수 $g(x)$는 $y=\frac{2x}{x^2+1}$을 x축의 방향으로 5만큼 y축의 방향으로 4만큼 평행이동한 함수이다.

$y'=\frac{2(x^2+1)-2x\cdot 2x}{(x^2+1)^2}=\frac{-2(x^2-1)}{(x^2+1)^2}=\frac{-2(x-1)(x+1)}{(x^2+1)^2}$

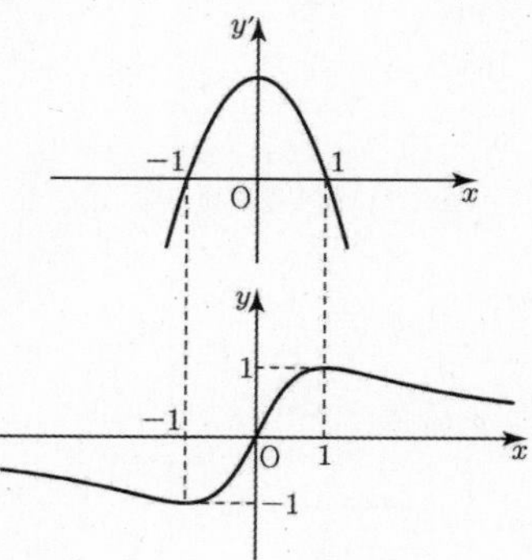

$y=\frac{2x}{x^2+1}$의 그래프를 x축의 방향으로 5만큼 y축의 방향으로 4만큼 평행이동하여 함수 $g(x)$를 그리면 아래와 같다.

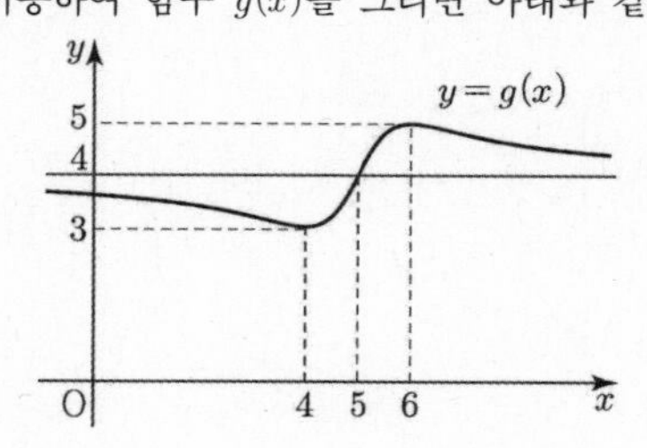

조건 (가), (나)에서 $f(x)=4$에서 함수 $(g\circ f)(x)$는 극솟값을 모두 가져야 하므로 그림과 같다.

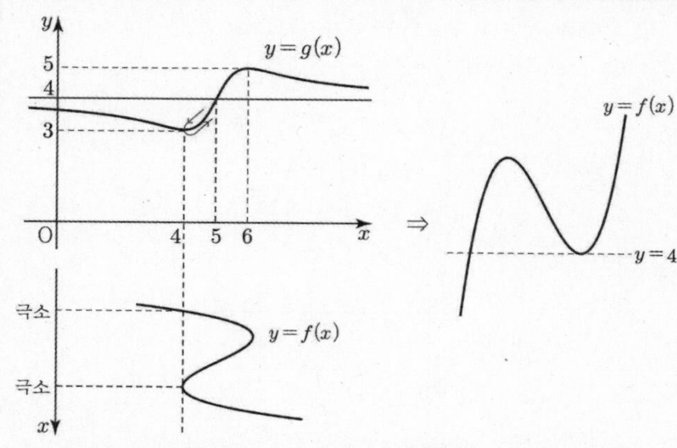

또한 조건 (다)와 함수 $h(x)$의 극솟값의 개수가 극댓값의 개수보다 많을 조건을 만족하는 함수 $f(x)$를 다음과 같이 나누어 살펴본다.

(i) $f(5)$가 극댓값인 경우

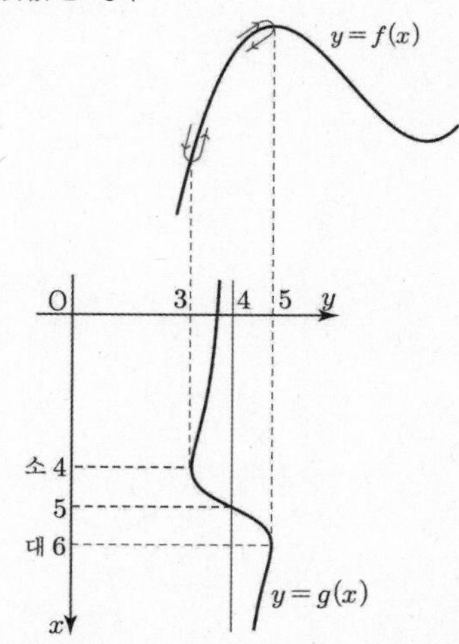

이것은 극대와 극소의 개수가 같으므로 모순이다.

(ii) $f(5)$가 극솟값인 경우

함수 $f(x)$는 $x=\alpha$에서 극대라 하자.

① $\alpha\le 3$이면

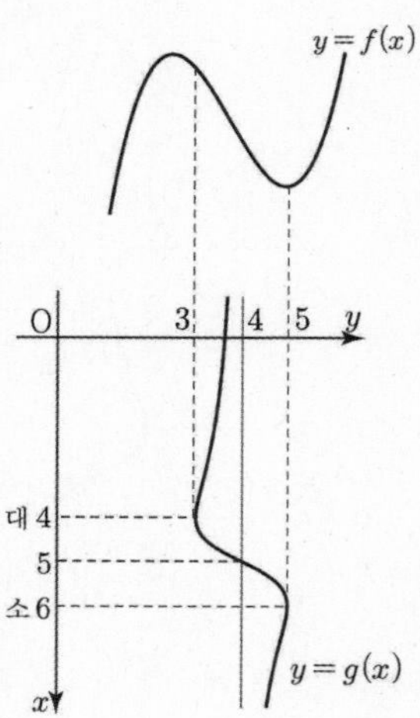

이것은 극대와 극소의 개수가 같으므로 모순이다.

② $3 < \alpha < 4$이면

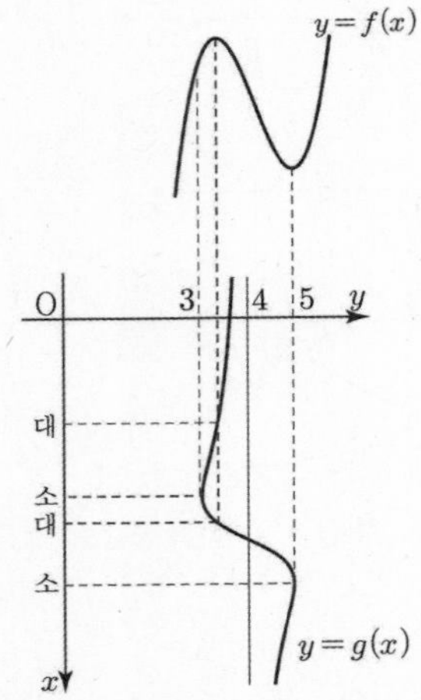

이것은 극대와 극소의 개수가 같으므로 모순이다.

③ $\alpha = 4$이면

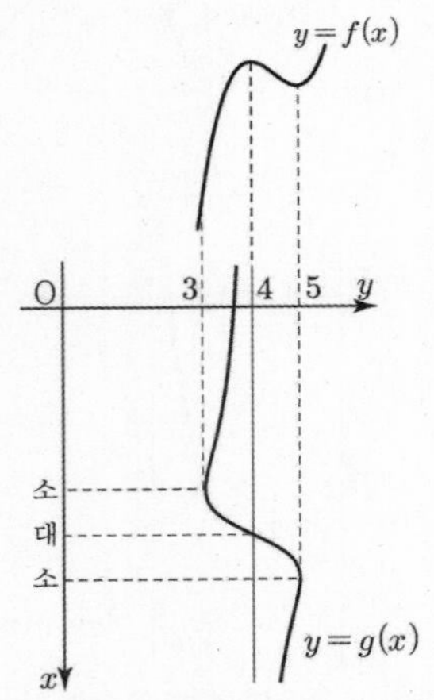

이것은 극소의 개수가 극대의 개수보다 많으므로 조건을 만족한다.

④ $4 < \alpha < 5$이면

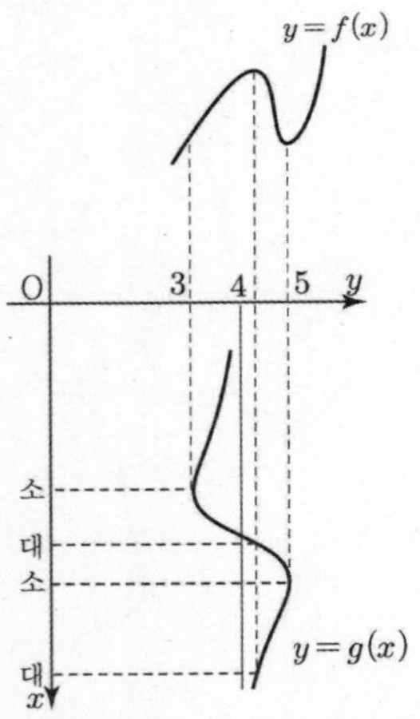

이것은 극대와 극소의 개수가 같으므로 모순이다.

(ii)에 ③에서 $f(x)$는 $x=4$에서 극대, $x=5$에서 극솟값 4를 가지므로 삼차함수의 비율관계에서

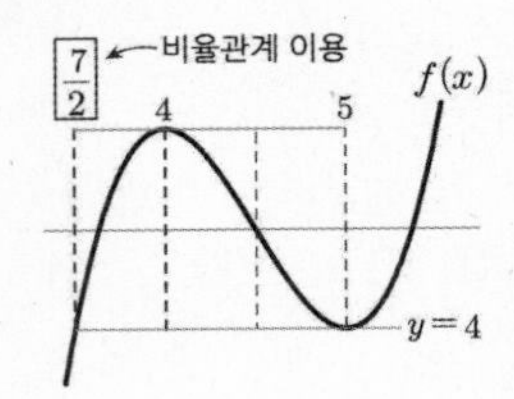

$f(x) = 2\left(x - \frac{7}{2}\right)(x-5)^2 + 4 = (2x-7)(x-5)^2 + 4$이다.

$\therefore\ f(4) = 5$

29) **정답** 2

[검토자 : 조남웅T]

$x_k - x_{k-1} = \frac{m}{n}$, $x_k = \frac{m}{n}k$이므로

$S_k = \frac{m}{n} \times f\left(\frac{m}{n}k\right)$이다.

$$g(m) = \lim_{n\to\infty}\sum_{k=1}^{n} \tan\frac{mk}{n} S_k$$

$$= \lim_{n\to\infty}\sum_{k=1}^{n}\left\{\frac{\sin\frac{mk}{n}}{\cos\frac{mk}{n}} \times f\left(\frac{mk}{n}\right) \times \frac{m}{n}\right\}$$

$$= \int_0^m \left\{\frac{\sin x}{\cos x} f(x)\right\} dx$$

$$= \int_0^m \left\{\frac{\sin x}{\cos x} \times (a\cos x + b)\right\} dx$$

$$= \int_0^m \left\{a\sin x + b\frac{\sin x}{\cos x}\right\} dx$$

$$= \Big[-a\cos x - b\ln|\cos x|\Big]_0^m$$

$$= -a\cos m - b\ln(\cos m) + a$$

$g\left(\frac{\pi}{3}\right) = -\frac{1}{2}a + b\ln 2 + a = \frac{1}{2}a + b\ln 2 = 2$

a와 b가 유리수이므로 $a=4$, $b=0$이다.

그러므로 $f(x) = 4\cos x$

$f\left(\frac{\pi}{3}\right) = 4\cos\frac{\pi}{3} = 2$

30) **정답** 37

[검토자 : 김수T]

등차수열 $\{a_n\}$은 첫째항을 a, 공차를 d라 하면 등차수열은 최고차항의 계수가 d인 n에 관한 일차식이므로

$a_n = dn + a - d$라 할 수 있다.

따라서

$\sum_{k=1}^{n} a_k = \sum_{k=1}^{n} (dk+a-d) = d\frac{n(n+1)}{2} + (a-d)n$

$= \frac{d}{2}n^2 + \left(a - \frac{d}{2}\right)n$

한편, 등차수열 $\{b_n\}$은 $\lim_{n\to\infty}\frac{a_n}{b_n} = 2$에서 공차가 $\frac{1}{2}d$이다.

$b_1 = 2a_1 = 2a$이므로

$b_n = \frac{1}{2}dn + 2a - \frac{1}{2}d$

이다.

$\left|\lim_{n\to\infty}\left(\sqrt{\sum_{k=1}^{n} a_k} - b_n\right)\right| = 2$에서 $\lim_{n\to\infty}\left(\sqrt{\sum_{k=1}^{n} a_k} - b_n\right) = \pm 2$이다.

(i) $\lim_{n\to\infty}\left(\sqrt{\sum_{k=1}^{n} a_k} - b_n\right) = 2$일 때,

$\lim_{n\to\infty}\left(\sqrt{\sum_{k=1}^{n} a_k} - b_n\right)$

$= \lim_{n\to\infty}\left\{\sqrt{\frac{d}{2}n^2 + \left(a - \frac{d}{2}\right)n} - \left(\frac{1}{2}dn + 2a - \frac{1}{2}d\right)\right\}$

$= \lim_{n\to\infty}\frac{\left(\frac{d}{2} - \frac{1}{4}d^2\right)n^2 + \left(a - \frac{d}{2} - 2ad + \frac{1}{2}d^2\right)n - \left(2a - \frac{1}{2}d\right)^2}{\sqrt{\frac{d}{2}n^2 + \left(a - \frac{d}{2}\right)n} + \left(\frac{1}{2}dn + 2a - \frac{1}{2}d\right)} = 2$

에서

$\frac{d}{2} - \frac{1}{4}d^2 = 0$

$\frac{1}{4}d(2-d) = 0$

$d > 0$이므로 $d = 2$이다.

따라서

$= \lim_{n\to\infty}\frac{(1-3a)n - (2a-1)^2}{\sqrt{n^2 + (a-1)n} + (n + 2a - 1)} = 2$

$\frac{1-3a}{2} = 2$

$\therefore\ a = -1$

$a > 0$라는 가정에 모순이다.

(ii) $\lim_{n\to\infty}\left(\sqrt{\sum_{k=1}^{n} a_k} - b_n\right) = -2$일 때,

$\lim_{n\to\infty}\left(\sqrt{\sum_{k=1}^{n} a_k} - b_n\right)$

$= \lim_{n\to\infty}\left\{\sqrt{\frac{d}{2}n^2 + \left(a - \frac{d}{2}\right)n} - \left(\frac{1}{2}dn + 2a - \frac{1}{2}d\right)\right\}$

$= \lim_{n\to\infty}\frac{\left(\frac{d}{2} - \frac{1}{4}d^2\right)n^2 + \left(a - \frac{d}{2} - 2ad + \frac{1}{2}d^2\right)n - \left(2a - \frac{1}{2}d\right)^2}{\sqrt{\frac{d}{2}n^2 + \left(a - \frac{d}{2}\right)n} + \left(\frac{1}{2}dn + 2a - \frac{1}{2}d\right)} = -2$

에서

$\frac{d}{2} - \frac{1}{4}d^2 = 0$

$\frac{1}{4}d(2-d) = 0$

$d > 0$이므로 $d = 2$이다.

따라서

$= \lim_{n\to\infty}\frac{(1-3a)n - (2a-1)^2}{\sqrt{n^2 + (a-1)n} + (n + 2a - 1)} = -2$

$\frac{1-3a}{2} = -2$

$\therefore\ a = \frac{5}{3}$

따라서

$b_n = \frac{1}{2}dn + 2a - \frac{1}{2}d$에서 $b_n = n + \frac{7}{3}$이다.

$3b_{10} = 3 \times \left(10 + \frac{7}{3}\right) = 37$이다.

기하

[출제자:황보백T]

23) 정답 ④

[검토자 : 김영식T]

$\vec{a} = (2x,\ -3)$, $\vec{b} = (2,\ x+2)$가 수직이므로 $\vec{a} \cdot \vec{b} = 0$이다.

따라서

$4x - 3x - 6 = 0$에서

$x = 6$

24) 정답 ③

[검토자 : 김영식T]

$B(-3,\ 2,\ -1)$, $C(3,\ -2,\ 1)$이므로

$\overline{BC} = \sqrt{(-6)^2 + 4^2 + (-2)^2} = 2\sqrt{14}$

25) 정답 ③

[검토자 : 김영식T]

$\overrightarrow{AB} + \overrightarrow{AC} + \overrightarrow{AD} + \overrightarrow{AE} + \overrightarrow{AF} = (\overrightarrow{AB} + \overrightarrow{AE}) + (\overrightarrow{AC} + \overrightarrow{AF}) + \overrightarrow{AD}$

$= \overrightarrow{AD} + \overrightarrow{AD} + \overrightarrow{AD} = 3\overrightarrow{AD}$

이므로 조건으로부터 $3\overline{AD} = 18$, $\overline{AD} = 6$

이때 정육각형 ABCDEF의 세 대각선의 교점을 O라 하면

$\overline{AD} = 2\overline{AO} = 6$, $\overline{AO} = 3$

또한 삼각형 ABO는 정삼각형이므로 $\overline{AO} = \overline{AB} = 3$이다.

따라서 정육각형 ABCDEF의 한 변의 길이는 3

26) 정답 ②

[검토자 : 김영식T]

쌍곡선의 중심이 원점이고, 한 점근선이 점 $P(2,\ \sqrt{21})$을 지나므로 점근선의 방정식은

$y=\frac{\sqrt{21}}{2}x$ 또는 $y=-\frac{\sqrt{21}}{2}x$

이때 $a>0$이므로

$\frac{\sqrt{a}}{2}=\frac{\sqrt{21}}{2}\qquad \therefore a=21$

그러므로 초점의 좌표는

$\mathrm{F}(0,\ \sqrt{4+21}),\ \mathrm{F}'(0,\ -\sqrt{4+21})$

즉, $\mathrm{F}(0,\ 5),\ \mathrm{F}'(0,\ -5)$

따라서 삼각형 PFF$'$의 넓이는

$\frac{1}{2}\times\overline{\mathrm{FF}'}\times|$점 P의 x좌표$|=\frac{1}{2}\times10\times2=10$

27) 정답 ②

[출제자 : 황보성호T]

[그림 : 이정배T]

[검토자 : 김영식T]

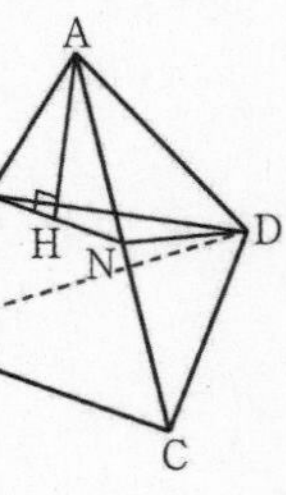

[그림 1]

[그림 2]

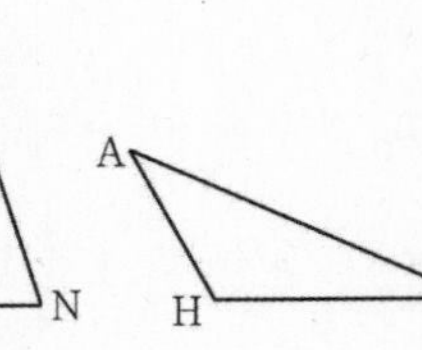

[그림 3]

[그림 1]과 같이 점 A에서 $\overline{\mathrm{MN}}$에 내린 수선의 발을 H라 하자. $\triangle$AMN은 한 변의 길이가 1인 정삼각형이므로

$\triangle\mathrm{AMN}=\frac{\sqrt{3}}{4}\cdot1^2=\frac{\sqrt{3}}{4}$

$\overline{\mathrm{AH}}=\frac{\sqrt{3}}{2}\cdot1=\frac{\sqrt{3}}{2}$

[그림 2]에서 $\triangle$DMN은 이등변삼각형이므로

$\overline{\mathrm{DM}}=\overline{\mathrm{DN}}=\frac{\sqrt{3}}{2}\cdot2=\sqrt{3}$

$\overline{\mathrm{MN}}=1,\ \overline{\mathrm{MH}}=\frac{1}{2}$

$\overline{\mathrm{DH}}=\sqrt{(\sqrt{3})^2-\left(\frac{1}{2}\right)^2}=\sqrt{3-\frac{1}{4}}=\sqrt{\frac{11}{4}}=\frac{\sqrt{11}}{2}$

[그림 3]에서 $\overline{\mathrm{AH}}$와 $\overline{\mathrm{DH}}$가 이루는 각을 θ라 하면 $\triangle$ADH에서 코사인법칙에 의하여

$$\cos\theta=\frac{\left(\frac{\sqrt{3}}{2}\right)^2+\left(\frac{\sqrt{11}}{2}\right)^2-2^2}{2\cdot\frac{\sqrt{3}}{2}\cdot\frac{\sqrt{11}}{2}}=-\frac{1}{\sqrt{33}}$$

$\cos\theta<0$이므로 θ는 둔각이다.

즉, 삼각형 AMN과 평면 MND가 이루는 이면각의 크기는 $\pi-\theta$이다.

따라서 정사영의 넓이는

$\frac{\sqrt{3}}{4}\cos(\pi-\theta)=\frac{\sqrt{3}}{4}(-\cos\theta)=\frac{\sqrt{3}}{4}\cdot\frac{1}{\sqrt{33}}=\frac{1}{4\sqrt{11}}=\frac{\sqrt{11}}{44}$

28) 정답 ⑤

[출제자 : 황보성호T]

[그림 : 도정영T]

[검토 : 김가람T]

타원 $\frac{x^2}{a^2}+\frac{y^2}{b^2}=1$의 두 초점이 각각 $\mathrm{F}(3,\ 0),\ \mathrm{F}'(-3,\ 0)$이므로

$a^2-b^2=9\qquad\cdots$ ㉠

점 P는 타원 위의 점이므로 $\overline{\mathrm{PF}'}+\overline{\mathrm{PF}}=2a$로 일정하다.

점 A를 y축에 대하여 대칭이동한 점을 A$'$라 하면

$\mathrm{A}'(-5,\ -6)$

즉, $\overline{\mathrm{QA}}=\overline{\mathrm{QA}'}$

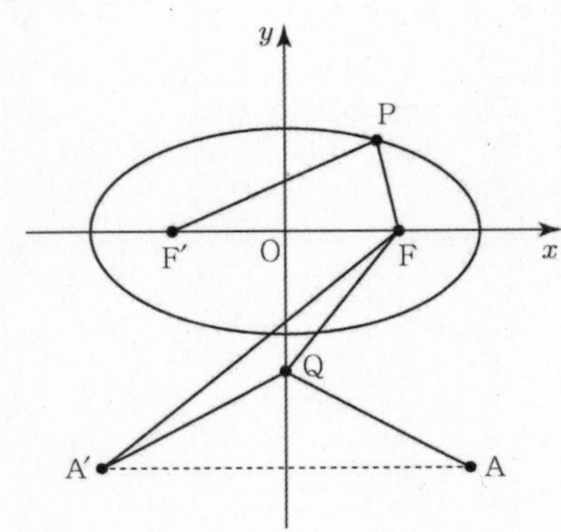

$\overline{\mathrm{PF}'}+\overline{\mathrm{PF}}+\overline{\mathrm{FQ}}+\overline{\mathrm{QA}}=2a+\overline{\mathrm{FQ}}+\overline{\mathrm{QA}'}$

$\geq 2a+\overline{\mathrm{FA}'}$

$=2a+\sqrt{64+36}=2a+10$

최솟값이 20이므로 $2a+10=20\ \therefore a=5$

이를 ㉠에 대입하면 $25-b^2=9,\ b^2=16\ \therefore b=4\ (\because b>0)$

$\therefore a+b=9$

29) 정답 8

[출제자 : 이소영T]

[그림 : 서태욱T]

[검토자 : 김종렬T]

선분 AE를 $2:3$으로 내분하는 점이 P이므로 $\overline{\mathrm{AP}}=2$, 선분 DH를 $3:2$로 내분하는 점이 Q이므로 $\overline{\mathrm{QD}}=3$임을 알 수 있다.

이때 선분 PA는 밑면 ABCD와 수직이고 점 A에서 직선 BC에 그은 수선의 발이 B이므로 $\angle\mathrm{PBC}=\frac{\pi}{2}$가 되고, 이와 같이 선분 QD는 밑면 ABCD와 수직이고 점 D에서 직선 BC에 그은

수선의 발이 C이므로 $\angle \mathrm{QCB} = \frac{\pi}{2}$이 된다.

두 면 PQCB와 ABCD의 이면각이 $\angle \mathrm{PBA} = \angle \mathrm{QCD} = \theta_1$임을 알 수 있다. 따라서 삼각형 PAB와 삼각형 QDC는 닮음이고 $\overline{\mathrm{AB}} : \overline{\mathrm{DC}} = 2 : 3$이므로 $\overline{\mathrm{AB}} = 2x$, $\overline{\mathrm{CD}} = 3x$라 두자.

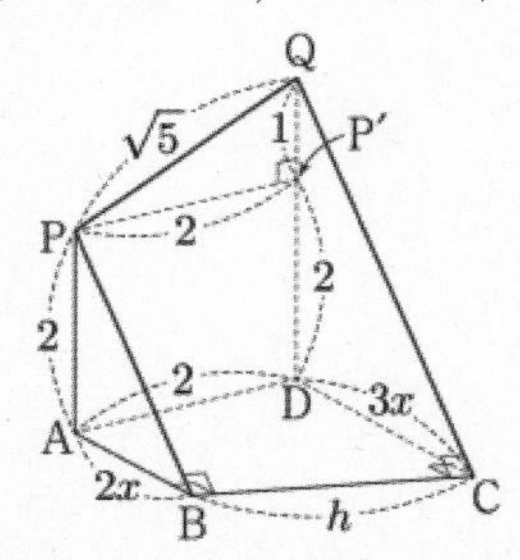

또, 사각형 PQCB의 정사영이 사각형 ABCD 이므로

$\square \mathrm{PQCB} \times \cos\theta_1 = \square \mathrm{ABCD}$

사각형 PQCB의 넓이는 사각형 ABCD 넓이의 $\sqrt{2}$배이므로

$\cos\theta_1 = \frac{1}{\sqrt{2}}$이다. 따라서 삼각형 PAB와 삼각형 QDC는

직각이등변삼각형이 된다.

선분 PQ를 연장하고, 선분 BC를 연장해서 두 직선이 이루는 각을 찾기 위해 $\overline{\mathrm{PQ}}$, $\overline{\mathrm{BC}}$를 구해보자.

사각형 PADQ에서 점P에서 $\overline{\mathrm{QD}}$에 내린 수선의 발을 P′라 하면 $\overline{\mathrm{PQ}} = \sqrt{5}$임을 알 수 있고,

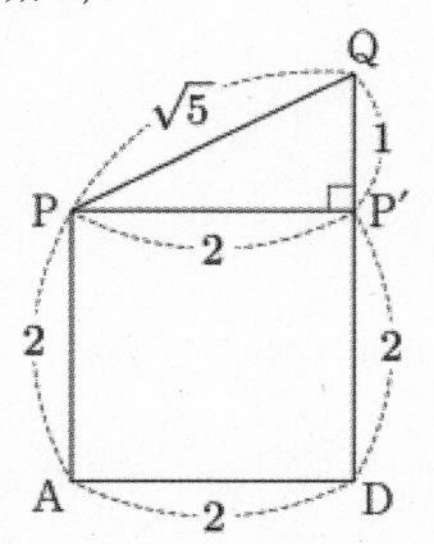

사각형 ABCD에서 점 A에서 $\overline{\mathrm{CD}}$에 내린 수선의 발을 A′라 하면 $\overline{\mathrm{AA'}} = \sqrt{3}$임을 알 수 있다.

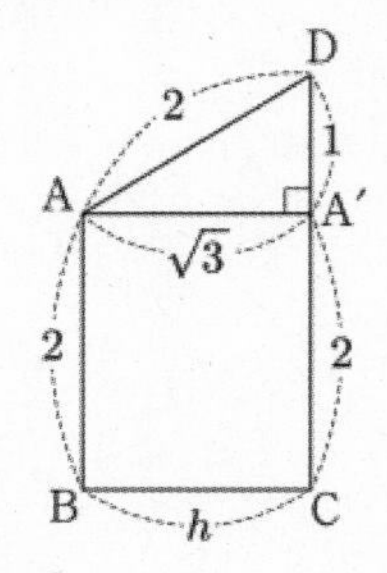

이를 그려보면 아래와 같다.

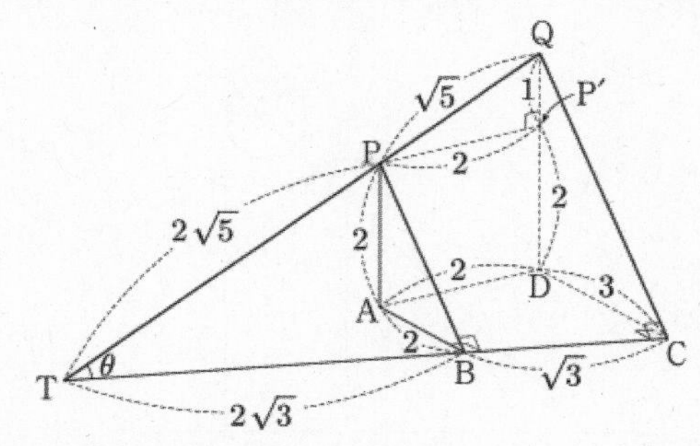

직선 PQ와 직선 BC의 교점을 T라 하면 삼각형 PTB와 삼각형 QTC는 2:3 닮음이므로 $\overline{\mathrm{PT}} = 2\sqrt{5}$, $\overline{\mathrm{BT}} = 2\sqrt{3}$이 되고,

$\angle \mathrm{PBT} = \frac{\pi}{2}$이므로 $\cos\theta = \frac{2\sqrt{5}}{2\sqrt{3}} = \frac{\sqrt{15}}{3}$임을 알 수 있다.

따라서 $\cos^2\theta = \frac{15}{9} = \frac{5}{3}$이므로 $p+q=8$이다.

30) **정답** 48

[출제자 : 김수T]

[그림 : 이정배T]

[검토자 : 이지훈T]

$\overrightarrow{\mathrm{OD}} = \overrightarrow{\mathrm{OA}} + k\overrightarrow{\mathrm{OB}}$ …… ㉠

라 하면

$\overrightarrow{\mathrm{PQ}} = \overrightarrow{\mathrm{OA}} + k\overrightarrow{\mathrm{OB}} \Rightarrow \overrightarrow{\mathrm{OQ}} - \overrightarrow{\mathrm{OP}} = \overrightarrow{\mathrm{OD}} \Rightarrow \overrightarrow{\mathrm{OQ}} = \overrightarrow{\mathrm{OP}} + \overrightarrow{\mathrm{OD}}$

이고 이 때 $\overrightarrow{\mathrm{OD}}$는 점 A를 지나고 직선 OB 에 평행한 반직선이다. ($\because$ k는 양수이므로)

점 Q가 나타내는 곡선 C는 점 D를 중심으로 하고 반지름이 1인 원이다.

점 A를 지나고 직선 OB 에 평행한 반직선의 방정식은 $y = x - 8$ $(x \geq 8)$이고 원 C 위의 임의의 점 R에서 x축에 내린 수선의 발을 R′이라 하면 부등식

$104 \leq \overrightarrow{\mathrm{OA}} \cdot \overrightarrow{\mathrm{OR}} \leq 136 \Rightarrow 104 \leq |\overrightarrow{\mathrm{OA}}| \times |\overrightarrow{\mathrm{OR'}}| \leq 136$

이므로

$104 \leq 8 \times |\overrightarrow{\mathrm{OR'}}| \leq 136 \Rightarrow 13 \leq |\overrightarrow{\mathrm{OR'}}| \leq 17$

이고 점 R′이 존재하는 영역은 다음 그림의 x축 영역의 $(13, 0)$과

$(17, 0)$사이의 선분이다.

따라서 k가 최대일 때의 점 D를 D_1, 최소일 때의 점 D를 D_2라 하면 아래 그림과 같이 점 D_1을 중심으로 하고 반지름이 1인 원이 직선 $x = 17$에 접함

(이 때의 점 D_1은 직선 $x = 16$ 위에 있다.)

점 D_2을 중심으로 하고 반지름이 1인 원이 직선 $x = 13$에 접함

(이 때의 점 D_2은 직선 $x = 14$ 위에 있다.)

을 알 수 있다.

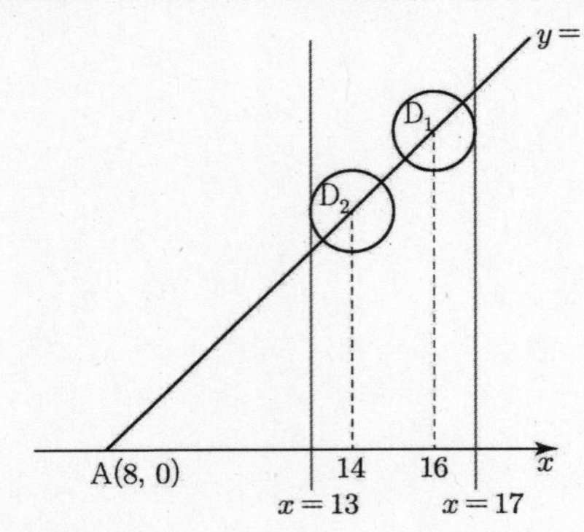

따라서 ㉠에 의해

$M=1,\ m=\frac{3}{4}$

이다.

$\therefore\ 64\times Mm=48$

제 2 교시

랑데뷰☆수학 모의고사 - 시즌1 1회 문제지

수학 영역

성명		수험번호						—				

○ 문제지의 해당란에 성명과 수험번호를 정확히 쓰시오.

○ 답안지의 필적 확인란에 다음의 문구를 정자로 기재하시오.

랑데뷰☆수학 시즌1 제1회

○ 답안지의 해당란에 성명과 수험 번호를 쓰고, 또 수험 번호와 답을 정확히 표시하시오.

○ 단답형 답의 숫자에 '0'이 포함되면 그 '0'도 답란에 반드시 표시하시오.

○ 문항에 따라 배점이 다르니, 각 물음의 끝에 표시된 배점을 참고하시오. 배점은 2점, 3점 또는 4점입니다.

○ 계산은 문제지의 여백을 활용하시오.

※ 공통 과목 및 자신이 선택한 과목의 문제지를 확인하고, 답을 정확히 표시하시오.

※ 시험이 시작되기 전까지 표지를 넘기지 마시오.

랑데뷰

제 2 교시

수학 영역

5지선다형

1. $\left(2^{4+2\sqrt{5}}\right)^{2-\sqrt{5}}$의 값은? [2점]

① $\frac{1}{4}$ ② $\frac{1}{2}$ ③ 1 ④ 2 ⑤ 4

2. 함수 $f(x)=\int(x^2+2x)dx$일 때,

$\lim_{h\to0}\frac{f(2+h)-f(2-h)}{h}$의 값은? [2점]

① 14 ② 16 ③ 18 ④ 20 ⑤ 22

3. $\sin x\cos x=\frac{1}{3}$일 때, $\sin x-\cos x$의 값은?

(단, $\sin x>\cos x$) [3점]

① $\frac{1}{2}$ ② $\frac{\sqrt{2}}{2}$ ③ $\frac{\sqrt{3}}{3}$ ④ $\frac{\sqrt{3}}{2}$ ⑤ $\frac{2}{3}$

4. $\lim_{x\to\infty}(\sqrt{1+x^2}-ax)=b$를 만족시키는 두 상수 a와 b의 합 $a+b$의 값은? [3점]

① 0 ② 1 ③ 2 ④ 3 ⑤ 4

5. 곡선 $y=3x^2+2x$ $(x \geq 0)$와 직선 $y=5$와 y축으로 둘러싸인 도형의 넓이는? [3점]

① 1 ② 2 ③ 3 ④ 4 ⑤ 5

6. 공차가 d $(d>0)$인 등차수열 $\{a_n\}$과 공차가 $-d$인 등차수열 $\{b_n\}$에 대하여

$$a_1=b_1,\ \sum_{n=1}^{10} a_n + \sum_{n=1}^{10} b_n = 40$$

$(a_1)^2+(b_1)^2$의 값은? [3점]

① 2 ② 4 ③ 6 ④ 8 ⑤ 10

7. 부등식 $\log_2 x \leq 5+\log_{\frac{1}{2}}(x-4)$을 만족시키는 모든 정수 x의 값의 합은? [3점]

① 14 ② 18 ③ 22 ④ 26 ⑤ 30

8. 두 다항함수 $f(x)$, $g(x)$가 다음 조건을 만족시킬 때, $\lim_{x \to 1} \frac{f(x)g(x)}{x^3-1}$의 값은? [3점]

(가) $f(x)+g(x)=x^2g(x)$
(나) $\lim_{x \to 1} g(x)=6$

① 16 ② 18 ③ 20 ④ 22 ⑤ 24

9. 첫째항이 $\frac{7}{2}$인 수열 $\{a_n\}$과 2이상의 자연수 n에 대하여

$$2\left(\sum_{k=1}^{n} a_k - a_1\right) = 5\sum_{k=1}^{n-1} a_k$$

을 만족시킬 때, a_{10}의 값은? [4점]

① $\frac{7 \times 5^8}{2^8}$ ② $\frac{7 \times 5^8}{2^9}$ ③ $\frac{7 \times 5^9}{2^9}$ ④ $\frac{7 \times 5^9}{2^{10}}$ ⑤ $\frac{7 \times 5^{10}}{2^{10}}$

10. 최고차항의 계수가 양수 a인 이차함수 $f(x)$가

$$f(-2) > 0, \ \int_{-2}^{0} f(x)\,dx = 0$$

을 만족시키고 집합 A를

$$A = \left\{ f(x) \,\middle|\, (x-2)\int_{0}^{x} f(t)\,dt = 0 \right\}$$

라 할 때, $n(A)=2$이다. 함수 $f(x)$의 최솟값은? [4점]

① $-a$ ② $-\frac{4}{3}a$ ③ $-\frac{5}{3}a$ ④ $-2a$ ⑤ $-\frac{7}{3}a$

11. 다음 조건을 만족시키는 자연수 a와 실수 b에 대하여 a^2+b^2의 값은? [4점]

> 구간 $[0, 2\pi)$에서 곡선 $y=a\sin(nx)+b$와 직선 $y=n$이 만나는 서로 다른 점의 개수를 a_n이라 할 때, $\sum_{n=1}^{5} a_n=14$이고 a_n의 최댓값은 a_{13}이다.

① 100 ② 102 ③ 104 ④ 106 ⑤ 108

12. 최고차항의 계수가 1인 이차함수 $f(x)$에 대하여 함수 $g(x)$를

$$g(x)=\begin{cases} f(x) & (x \le a,\ x \ge a+2) \\ -2f(x)+6x-15 & (a \le x \le a+2) \end{cases}$$

라 하자. 함수 $g(x)$는 실수 전체의 집합에서 연속이고 방정식 $g(x)=-1$의 실근의 개수가 1일 때, $g\left(\frac{5}{2}\right)$의 값은? [4점]

① 0 ② $\frac{1}{2}$ ③ 1 ④ $\frac{3}{2}$ ⑤ 2

13. 그림과 같이 $\overline{\mathrm{AB}} : \overline{\mathrm{BC}} = 4 : 1$, $\overline{\mathrm{AC}} = \sqrt{3}$, $\angle \mathrm{ABC} = \frac{2}{3}\pi$인 삼각형 ABC에 대하여 선분 AD가 삼각형 ABC의 외접원의 한 지름이 되도록 점 D를 잡는다. 점 E를 중심으로 하고 반지름의 길이가 $\overline{\mathrm{DE}}$인 원이 직선 AC와 접하도록 직선 BC 위의 점 E를 잡을 때, 선분 DE의 길이는? (단, $\overline{\mathrm{AD}} > \overline{\mathrm{DE}}$) [4점]

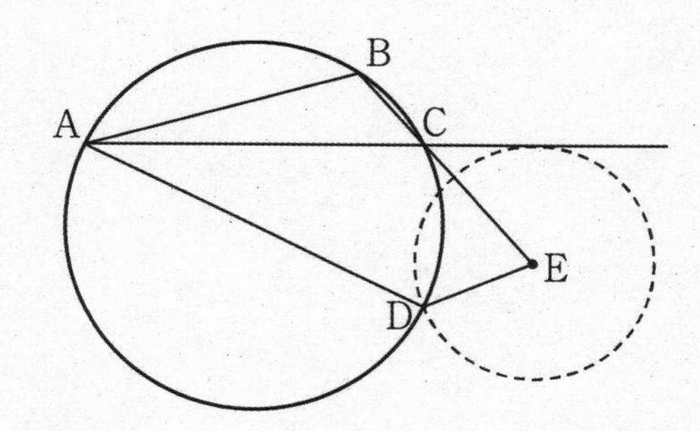

① $\frac{1}{3}$　② $\frac{2}{3}$　③ 1　④ $\frac{4}{3}$　⑤ $\frac{5}{3}$

14. $f'(0) \neq 0$이고 실수 전체의 집합에서 미분가능한 함수 $f(x)$가 다음 조건을 만족시킨다.

(가) $x \geq 0$에서 함수 $f(x)$는 최고차항의 계수가 1인 삼차함수이다.
(나) 모든 실수 x에 대하여 $\{f(x)\}^2 = \{f(-x)\}^2$이다.

$x \geq 0$에서 함수 $f(x) - f(-x)$가 $x = 1$에서 최댓값을 가질 때, 함수 $f(x)$의 최솟값은? [4점]

① -8　② -6　③ -4　④ -2　⑤ 0

15. 수열 $\{a_n\}$이 실수 m에 대하여 다음 조건을 만족시킬 때, a_2의 값은? [4점]

(가) $a_1+a_2+a_3=m$
(나) 2이상의 모든 자연수 n에 대하여
$\sum_{k=2}^{n} a_k=\frac{(n-1)(-3n+2m+8)}{2}$이다.
(다) $\sum_{n=1}^{2}(a_n-a_{10-n})=0$

① $\frac{39}{2}$ ② 20 ③ $\frac{41}{2}$ ④ 21 ⑤ $\frac{43}{2}$

단답형

16. 함수 $f(x)=x^2+ax+b$의 위의 점 $(0, 1)$에서의 접선의 기울기가 1일 때, a^2+b^2의 값을 구하시오. (단, a와 b는 상수이다.) [3점]

17. 수열 $\{a_n\}$에서 $a_1=1$, $a_2=5$, $a_3=10$이고, 수열 $\{a_{n+1}-a_n\}$은 등차수열일 때, a_5의 값을 구하시오. [3점]

18. 함수 $f(x)=a\sin bx+c\ (a>0,\ b>0)$의 주기가 $\frac{2\pi}{3}$이고, 최댓값이 5, 최솟값이 3일 때, 세 상수 a, b, c 의 곱 abc의 값을 구하시오. [3점]

19. 양의 정수 a에 대하여 최고차항의 계수가 1이고 계수가 모두 정수인 사차함수 $f(x)$가 다음 조건을 만족시킨다.

(가) $f(1)=12$

(나) $\lim_{x\to a}\frac{f(x)-8}{(x-a)^2 f(x)}=1$

$f(3)$의 값을 구하시오. [3점]

20. 원점을 출발하여 수직선 위를 움직이는 두 점 P, Q의 시각 $t(t\geq 0)$에서의 속도가 각각 $v_{\mathrm{P}}(t)=t^2+kt+5$, $v_{\mathrm{Q}}(t)=2$이다. 두 점 P, Q가 출발 후 $t=a(a>0)$에서만 만날 때, 점 P가 출발 후 $t=a$까지 움직인 거리를 구하시오. (단, a, k는 상수) [4점]

21. 좌표평면에서 곡선 $y=|5^{2-x}-a|$와 직선 $y=n$이 제 1사분면에서 만나는 점의 개수를 $f(n)$이라 하자. $f(n)=1$을 만족시키는 자연수 n의 개수가 1이상이고 5이하가 되도록 하는 모든 자연수 a에 대하여 $y=|5^{2-x}-a|$와 $x=1$과 만나는 점의 y좌표의 최댓값과 최솟값의 합을 구하시오. [4점]

22. 최고차항의 계수가 양수이고 $f'(4)=-3$인 삼차함수 $f(x)$에 대하여 실수 전체의 집합에서 미분가능한 함수 $g(x)$가 모든 실수 x에 대하여 $|g(x)-3x|=|f(x)|$을 만족시킨다.

$g'(-2)=g'(3)=0$일 때, $g'(0)=\frac{q}{p}$이다. $p+q$의 값을 구하시오. (단, p와 q는 서로소인 자연수이다.) [4점]

* 확인 사항

○ 답안지의 해당란에 필요한 내용을 정확히 기입(표기)했는지 확인하시오.

○ 이어서, 「**선택과목(확률과 통계)**」 문제가 제시되오니, 자신이 선택한 과목인지 확인하시오.

제 2 교시

수학 영역(확률과 통계)

5지선다형

23. ${}_5\mathrm{P}_2 \times {}_5\mathrm{H}_2$의 값은? [2점]

① 260 ② 280 ③ 300 ④ 320 ⑤ 340

24. 두 학생 A, B를 포함한 8명의 학생을 임의로 3명, 3명, 2명씩 3개의 조로 나눌 때, 두 학생 A, B가 다른 조에 속할 확률은? [3점]

① $\frac{1}{4}$ ② $\frac{3}{8}$ ③ $\frac{1}{2}$ ④ $\frac{5}{8}$ ⑤ $\frac{3}{4}$

25. 한 개의 동전을 16번 던져서 앞면이 나온 횟수 X에 대하여 $20X$원의 상금을 받는다고 할 때, 상금의 기댓값은? [3점]

① 120원 ② 130원 ③ 140원
④ 150원 ⑤ 160원

26. 주사위를 한번 던져서 3의 약수가 나오는 사건을 A, n의 약수가 나오는 사건을 B라 하자. 두 사건이 서로 독립사건일 때, n의 값은? (단, n은 6이하의 자연수이다.) [3점]

① 2 ② 3 ③ 4 ④ 5 ⑤ 6

27. 어느 아이스크림 가게에 있는 아이스크림 중 10%는 A회사의 제품이라고 한다. 한 고객이 이 아이스크림 가게에서 임의로 100개의 아이스크림을 구입했을 때, A회사 제품이 13개 이상 포함될 확률을 오른쪽 표준정규분포표를 이용하여 구한 것은? [3점]

z	$\mathrm{P}(0 \le Z \le z)$
0.75	0.2734
1.00	0.3413
1.25	0.3944
1.50	0.4332

① 0.0668 ② 0.1056 ③ 0.1587
④ 0.2266 ⑤ 0.2734

28. 사탕이 10개 이상 들어 있는 주머니와 비어있는 상자가 있다. 한 개의 주사위를 사용하여 다음과 같은 시행을 한다.

> 주사위를 한 번 던져
> 나온 눈의 수가 6의 약수이면 2개의 사탕을 상자에 넣고,
> 나온 눈의 수가 6의 약수가 아니면 1개의 사탕을 상자에 넣는다.

위의 시행을 5번 반복할 때, $n(1 \le n \le 5)$번째 시행 후 상자 속에 들어 있는 공의 개수를 a_n이라 하자. a_4가 짝수이고 a_5가 홀수일 확률은? [4점]

① $\frac{11}{81}$ ② $\frac{35}{243}$ ③ $\frac{37}{243}$ ④ $\frac{13}{81}$ ⑤ $\frac{41}{243}$

단답형

29. 어느 공장에서 생산하는 건전지의 수명은 모평균이 m인 정규분포를 따른다고 한다. 이 공장에서 생성된 건전지 중 289개를 임의추출하여 얻은 표본평균을 이용하여, 이 공장에서 생성된 건전지 수명의 평균 m에 대한 신뢰도 99.94%의 신뢰구간을 구했더니 $\alpha \leq m \leq \beta$이었다. 이 공장에서 생성된 건전지 중 1개를 선택하여 수명이 $m+\beta-\alpha$이하일 확률을 p라 하자. 표준정규분포를 따르는 확률변수 Z에 대하여 $\mathrm{P}\left(Z \geq \frac{k}{10}\right)=p$를 만족시키는 실수 k에 대하여 k^2의 값을 구하시오. (단, $\mathrm{P}(|Z| \leq 3.4)=0.9994$로 계산한다.) [4점]

30. 크기와 모양이 같은 빨간 볼펜 2개, 파란 볼펜 3개, 검정 볼펜 4개를 일렬로 나열하려고 한다. 다음 조건을 만족시키도록 나열하는 경우의 수를 구하시오. [4점]

(가) 빨간 볼펜은 서로 이웃하지 않는다.
(나) 양 끝에 나열된 볼펜의 색은 서로 다르다.

* 확인 사항

○ 답안지의 해당란에 필요한 내용을 정확히 기입(표기)했는지 확인하시오.

○ 이어서, 「**선택과목(미적분)**」 문제가 제시되오니, 자신이 선택한 과목인지 확인하시오.

제 2 교시

수학 영역(미적분)

5지선다형

23. $0 < \theta < \dfrac{\pi}{2}$이고 $\sin 2\theta = \dfrac{1}{3}$일 때, $\dfrac{2\tan\theta}{1+\tan^2\theta}$의 값은? [2점]

① $\dfrac{1}{3}$ ② $\dfrac{1}{2}$ ③ $\dfrac{2}{3}$ ④ $\dfrac{3}{4}$ ⑤ 1

24. 수열 $\{a_n\}$에 대하여 $\displaystyle\sum_{n=1}^{\infty} a_n$이 수렴하고 모든 자연수 k에 대하여 $\displaystyle\sum_{n=1}^{\infty} a_{n+k} = 2k$일 때, a_5의 값은? [3점]

① -4 ② -2 ③ 2 ④ 4 ⑤ 6

25. 그림과 같이 곡선 $y=\ln x$ $(1 \le x \le e)$과 x축, y축 및 직선 $x=e$로 둘러싸인 부분을 밑면으로 하는 입체도형이 다음 조건을 만족시킬 때, 이 입체도형의 부피는? [3점]

> 원점 O(0, 0)과 $1 \le t \le e$인 모든 실수 t에 대하여 두 점 P$(t,\ 0)$, Q$(t,\ \ln t)$을 지나고 x축에 수직인 평면으로 자른 단면은 직사각형 PQRS이고, $\overline{\text{PS}}=\overline{\text{PO}}$이다.

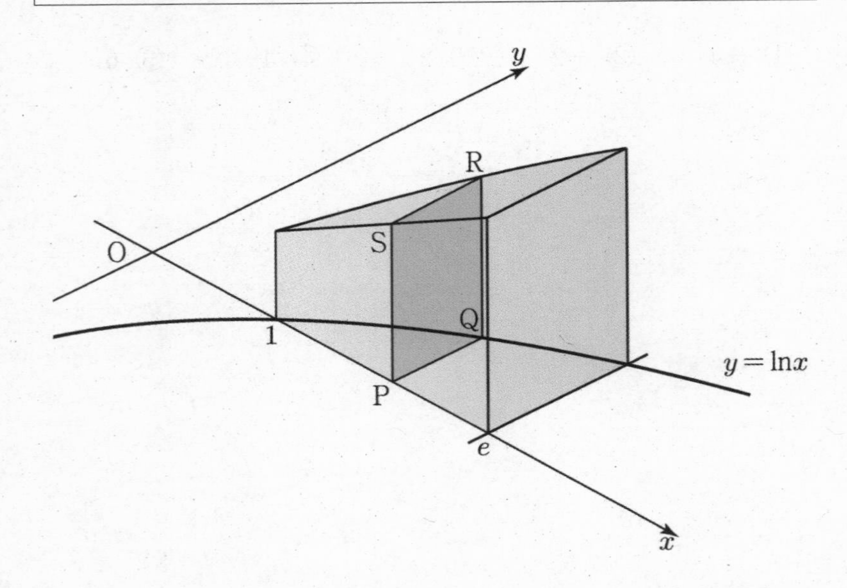

① $\frac{3}{4}e^2-\frac{1}{4}$ ② $\frac{1}{4}e^2+\frac{1}{4}$ ③ $2e-\frac{3}{2}$
④ $2e-1$ ⑤ $2e-\frac{1}{2}$

26. 두 수열 $\{a_n\}$, $\{b_n\}$이 다음 조건을 만족시킨다.

> (가) 모든 자연수 n에 대하여 부등식
> $$n^2\left(\sqrt{n^2+16n}-n\right) < 4a_n - nb_n < 8n^2+n$$
> 이 성립한다.
>
> (나) $\lim_{n\to\infty}\frac{a_n}{2n^2+n+1}=3$

$\lim_{n\to\infty}\frac{b_n}{4n-1}$의 값은? [3점]

① 1 ② 2 ③ 3 ④ 4 ⑤ 5

27. 실수 t에 대하여 원점을 지나고 곡선 $y=e^x+\frac{1}{e^t}$에 접하는 직선의 기울기를 $f(t)$라 하자. $f(a)=e^{\frac{5}{2}}$를 만족시키는 상수 a에 대하여 $f'(a)$의 값은? [3점]

① $-\frac{1}{5}e^{\frac{5}{2}}$　② $-\frac{3}{5}e^{\frac{5}{2}}$　③ $-e^{\frac{5}{2}}$　④ $-\frac{7}{5}e^{\frac{5}{2}}$　⑤ $-\frac{9}{5}e^{\frac{5}{2}}$

28. 최고차항이 양수인 이차함수 $f(x)$와 함수 $g(x)=e^{f(x)}$가 다음 조건을 만족시킬 때, $\int_5^6 (x-3)\{g(x)\}^2\,dx$의 값은? [4점]

(가) $\lim_{x\to 1}\frac{1}{x-1}\int_x^{x+4} g'(t)dt=4$

(나) $f(1)=0$

① $\frac{e^5-3}{4}$　② $\frac{e^5-1}{4}$　③ $\frac{e^5-5}{2}$　④ $\frac{e^5-3}{2}$　⑤ $\frac{e^5-1}{2}$

단답형

29. 최고차항의 계수가 1이고 $x=-1$에서 최솟값을 갖는 이차함수 $f(x)$에 대하여 함수 $g(x)$를

$$g(x)=\begin{cases} f(x) & (x \le 0) \\ -f(x) & (x>0) \end{cases}$$

라 하자. 함수 $g(x)$에 대하여 첫째항이 -2 이하의 정수이고 공비가 음수인 등비수열 $\{a_n\}$이 다음 조건을 만족시킬 때, $a_4=\frac{q}{p}$이다. $p+q$의 값을 구하시오.
(단, p와 q는 서로소인 자연수이다.) [4점]

(가) $\lim_{n\to\infty}|g(a_{n+1})-g(a_n)|=8$
(나) $g(a_n)$의 최댓값은 존재하지 않고 $g(a_2)=-4$이다.

30. 그림과 같이 길이가 6인 선분 AB를 지름으로 하는 반원과 선분 AB 위에 $\overline{AC}=4$인 점 C가 있다. 반원의 호 위의 점 P에 대하여 $\angle ACP=\theta$일 때, 두 선분 AC, CP와 호 AP로 둘러싸인 도형의 넓이를 $S(\theta)$라 하자.
$S'\left(\frac{3}{4}\pi\right)=\frac{q}{p}(17-\sqrt{17})^2$일 때, $p+q$의 값을 구하시오.
(단, p와 q는 서로소인 자연수이다.) [4점]

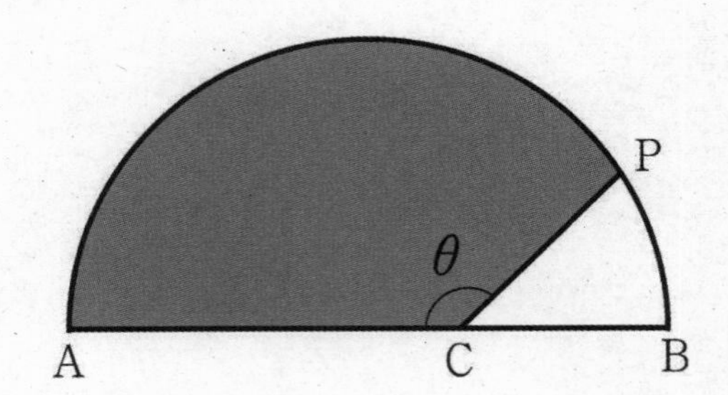

* 확인 사항

○ 답안지의 해당란에 필요한 내용을 정확히 기입(표기)했는지 확인하시오.

○ 이어서, 「**선택과목(기하)**」 문제가 제시되오니, 자신이 선택한 과목인지 확인하시오.

제 2 교시

수학 영역(기하)

5지선다형

23. 쌍곡선 $\frac{x^2}{a^2}-\frac{y^2}{9}=1$ $(a>0)$ 위의 점 P$(2,\ a)$에서의 접선의 x절편은? [2점]

① 1　② $\frac{5}{4}$　③ $\frac{3}{2}$　④ $\frac{7}{4}$　⑤ 2

24. 좌표공간의 점 A$(2a,\ b,\ a+2b)$에서 xy평면에 내린 수선의 발이 H$(4,\ 1,\ 0)$일 때, 삼각형 OAH의 넓이는? (단, O는 원점이다.) [3점]

① $\sqrt{17}$　② $2\sqrt{17}$　③ $3\sqrt{17}$　④ $4\sqrt{17}$　⑤ $5\sqrt{17}$

25. 그림과 같이 정사면체 ABCD에서 삼각형 ABC의 무게중심을 G라 하자. 직선 DG와 평면 BCD가 이루는 예각의 크기를 θ라고 할 때, $\cos\theta$의 값은? [3점]

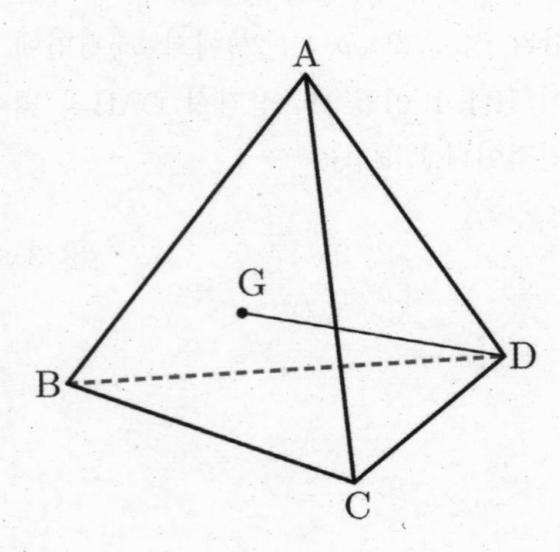

① $\frac{\sqrt{2}}{3}$ ② $\frac{2}{3}$ ③ $\frac{\sqrt{6}}{3}$ ④ $\frac{2\sqrt{2}}{3}$ ⑤ $\frac{2\sqrt{3}}{3}$

26. 직선 $y=mx+4$가 원 $x^2+y^2=1$과 만나지 않고 타원 $x^2+2y^2=4$와 서로 다른 두 점에서 만나도록 하는 모든 정수 m의 개수는? [3점]

① 2 ② 4 ③ 6 ④ 8 ⑤ 10

27. 평면 α 위에 $\overline{AB}=3$, $\overline{BC}=8$이고 $\angle ABC=\frac{\pi}{2}$인 직각삼각형 ABC가 있다. 평면 α 위에 있지 않은 점 D에 대하여 직선 AD는 평면 α에 수직이고 $\overline{AD}=3\sqrt{3}$이다. 선분 CD의 중점을 M, 선분 BC의 중점을 N이라 하고, 점 A에서 선분 MN에 내린 수선의 발을 H라 할 때, 선분 AH의 길이는? [3점]

① $\frac{\sqrt{91}}{4}$ ② 4 ③ $\frac{9}{2}$ ④ $\frac{\sqrt{91}}{3}$ ⑤ $\frac{\sqrt{91}}{2}$

28. 평면에서 그림과 같이 $\overline{AB}=3$이고 $\overline{BC}=4$인 직사각형 ABCD가 있다. 선분 CD를 1 : 2로 내분하는 점을 E라 하고, 선분 AD 위를 움직이는 점 P에 대하여 $\angle BPE=\theta$라 하자. 두 벡터 $\overrightarrow{PB}$, $\overrightarrow{PE}$의 내적 $\overrightarrow{PB}\cdot\overrightarrow{PE}$의 값이 최소일 때, $\triangle PBE$의 외접원의 넓이는 $\frac{q}{p}\pi$이다. $p+q$의 값은? [4점]

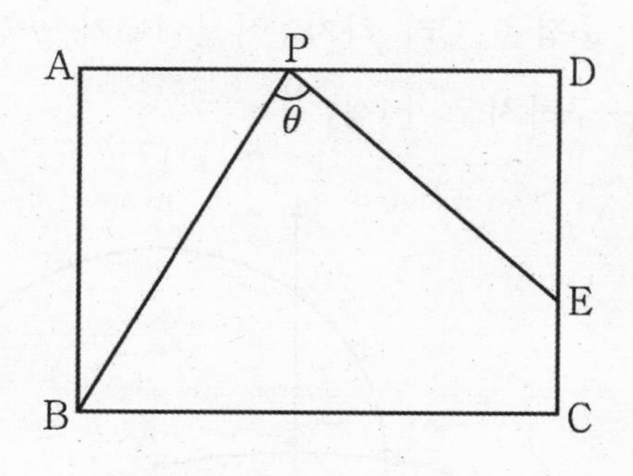

① 135 ② 212 ③ 271 ④ 305 ⑤ 376

단답형

29. 그림과 같이 두 초점이 F, F′인 타원 $\frac{x^2}{36}+\frac{y^2}{11}=1$위의 점 중 제 1사분면에 있는 점 A가 있다. 점 A를 중심으로 하고 점 F를 지나는 원과 선분 AF′이 만나는 점을 B라 하고 선분 AF의 중점을 C라 하자. 직선 BC가 y축과 수직일 때, $\overline{\mathrm{BF}}^2$의 값을 구하시오. [4점]

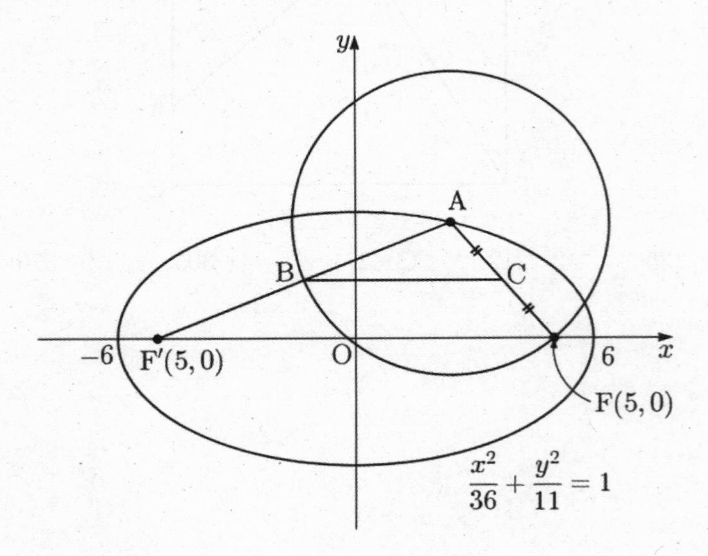

30. 평면 α위에 있지 않은 두 점 A, B가 있고 두 점을 평면 α위에 내린 수선의 발을 각각 $\mathrm{M_1}$, $\mathrm{M_2}$라 할 때, $\overline{\mathrm{AM_1}}=10$, $\overline{\mathrm{BM_2}}=4$이다. 선분 AB를 $2:1$로 내분하는 점을 P라 하고 점 P를 지나고 직선 AB에 수직인 평면을 β라 할 때, 평면 α와 평면 β가 이루는 각을 θ라 하면 $\cos\theta=\frac{3}{5}$이다. 평면 β위의 새로운 점 Q를 잡으면 선분 $\overline{\mathrm{PQ}}$는 평면 α와 평행하고 $\overline{\mathrm{PQ}}=4$이다. 삼각형 $\mathrm{AQM_1}$의 평면 β위로의 정사영 넓이와 삼각형 BPQ의 평면 α위로의 정사영의 넓이를 각각 S_1, S_2라 할 때, $\frac{S_1}{S_2}$의 값을 구하시오.
(단, 선분 AB과 평면α는 교점이 생기지 않는다.) [4점]

＊ 확인 사항
○ 답안지의 해당란에 필요한 내용을 정확히 기입(표기)했는지 확인하시오.

※ 시험이 시작되기 전까지 표지를 넘기지 마시오.

제 2 교시

랑데뷰☆수학 모의고사 - 시즌1 2회 문제지

수학 영역

성명		수험번호						—				

- 문제지의 해당란에 성명과 수험번호를 정확히 쓰시오.
- 답안지의 필적 확인란에 다음의 문구를 정자로 기재하시오.

랑데뷰☆수학 시즌1 제2회

- 답안지의 해당란에 성명과 수험 번호를 쓰고, 또 수험 번호와 답을 정확히 표시하시오.
- 단답형 답의 숫자에 '0'이 포함되면 그 '0'도 답란에 반드시 표시하시오.
- 문항에 따라 배점이 다르니, 각 물음의 끝에 표시된 배점을 참고하시오. 배점은 2점, 3점 또는 4점입니다.
- 계산은 문제지의 여백을 활용하시오.

※ 공통 과목 및 자신이 선택한 과목의 문제지를 확인하고, 답을 정확히 표시하시오.

※ 시험이 시작되기 전까지 표지를 넘기지 마시오.

랑데뷰

제 2 교시

수학 영역

5지선다형

1. $\sqrt{3^{3+\sqrt{5}}} \times \sqrt{3^{3-\sqrt{5}}}$ 의 값은? [2점]

① 3 ② 9 ③ 27 ④ 81 ⑤ 243

2. $\int_0^2 \frac{x^3}{x^2+x+1}dx - \int_0^2 \frac{1}{x^2+x+1}dx$의 값은? [2점]

① -2 ② 0 ③ 2 ④ 4 ⑤ 6

3. 첫째항이 2이고 공비가 3인 등비수열 $\{a_n\}$의 첫째항부터 제10항까지의 합은? [3점]

① 2×3^8 ② 3^9 ③ 3^9-1 ④ 2×3^{10} ⑤ $3^{10}-1$

4. 함수 $f(x)=\begin{cases} x^2+ax+a & (x \le 1) \\ -ax+4 & (x>1) \end{cases}$ 가 실수 전체의 집합에서 연속일 때, $f(-2)$의 값은? (단, a는 상수이다.) [3점]

① -2 ② -1 ③ 0 ④ 2 ⑤ 3

5. 등식 $\sum_{k=1}^{n} \frac{2}{k^2+3k+2} = \frac{33}{35}$ 을 만족하는 자연수 n 의 값은? [3점]

① 31 ② 33 ③ 35 ④ 37 ⑤ 39

6. 두 함수 $f(x)=2x-x^2$, $g(x)=x^3-4x$에 대하여

$\lim_{x\to 0}\frac{g(x)}{f(x)} \times \lim_{x\to 2}\frac{f(x)}{g(x)}$의 값은? [3점]

① $-\frac{1}{2}$ ② $-\frac{1}{4}$ ③ $\frac{1}{2}$ ④ $\frac{1}{4}$ ⑤ 1

7. 그림은 함수 $y=2\sin\left(ax-\frac{a\pi}{6}\right)+2$의 그래프의 일부이다.

이 함수의 그래프가 점 $\left(\frac{\pi}{6},\ 2\right)$에 대하여 대칭이고

최댓값이 b, 최솟값이 0일 때, 두 상수 a, b의 곱 ab의 값은? (단, $a>0$) [3점]

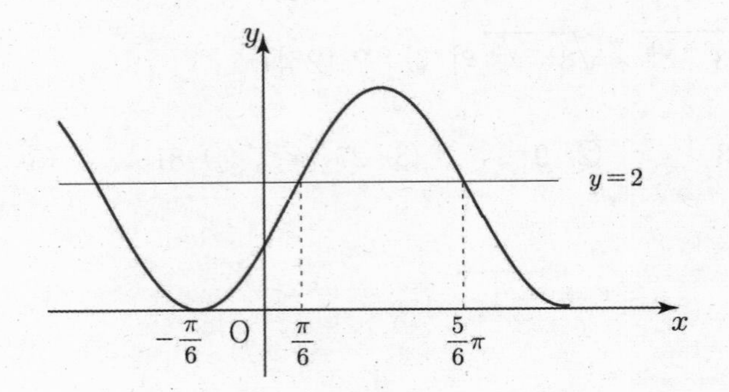

① 4 ② $\frac{9}{2}$ ③ 5 ④ $\frac{11}{2}$ ⑤ 6

8. 수직선 위를 움직이는 점 P의 시각 $t\,(t \geq 0)$에서의 위치 x가

$$x = t^3 - 3t^2$$

이다. 시각 $t = a\,(a > 0)$에서의 점 P의 속력과 가속도가 같은 값이 되도록 하는 모든 a의 값의 합은? [3점]

① $2-\sqrt{2}$ ② $2+\sqrt{2}$ ③ $2+2\sqrt{2}$
④ $4+\sqrt{2}$ ⑤ $4+2\sqrt{2}$

9. 첫째항과 공비가 같은 정수인 등비수열 $\{a_n\}$이

$$|2a_3 + a_4 + a_6| = 2|a_5|$$

을 만족시킨다. a_4의 값은? (단, $a_1 \neq 0$) [4점]

① -8 ② 8 ③ -16 ④ 16 ⑤ 32

10. 양수 a에 대하여 최고차항의 계수가 1인 삼차함수 $f(x)$와 실수 전체의 집합에서 연속인 함수 $g(x)$가

$$(x-a)g(x+a) = \begin{cases} f(x) & (x < a) \\ f(x-a) & (x \geq a) \end{cases}$$

를 만족시킨다. $y = g(x)$의 그래프에서 $y = g(x)\,(y \leq 0)$와 x축으로 둘러싸인 부분의 넓이가 $\frac{1}{3}$일 때, $g(4a)$의 값은? [4점]

① 4 ② 5 ③ 6 ④ 7 ⑤ 8

11. 최고차항의 계수가 1인 삼차함수 $f(x)$에 대하여 x에 대한 방정식

$$f(x)=f'(t)(x+2)$$

이 서로 다른 두 실근을 갖도록 하는 모든 실수 t의 값을 작은 수부터 크기순으로 나열하면 t_1, t_2, t_3, t_4이다. $t_3-t_2=2$이고 $f'(t_3)=0$일 때, 가능한 $f(2)$의 최댓값과 최솟값의 합은? [4점]

① 196 ② 198 ③ 200 ④ 202 ⑤ 204

12. 그림과 같이 $\overline{AD} /\!/ \overline{BC}$이고, $\overline{AB}=\overline{AD}=\overline{CD}$인 등변사다리꼴 ABCD가 다음 조건을 만족시킨다.

(가) $\overline{AB} : \overline{BD}=2 : 3$
(나) $\overline{BC}=10$

두 대각선 AC, BD의 교점을 P라 하자. 두 삼각형 PAD, PBC의 넓이의 차는? (단, $\overline{AD}<\overline{BC}$) [4점]

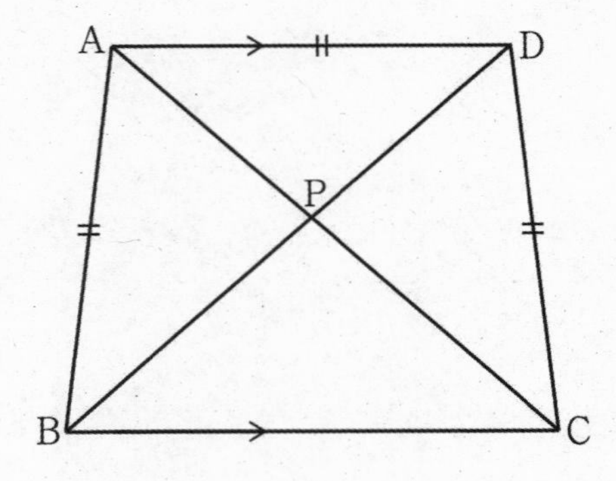

① $2\sqrt{7}$ ② $\frac{7\sqrt{7}}{3}$ ③ $\frac{8\sqrt{7}}{3}$ ④ $3\sqrt{7}$ ⑤ $\frac{10\sqrt{7}}{3}$

13. $a>1$인 실수 a에 대하여 두 곡선

$$y=a^{x+\log_a 2}-2,\ y=a^{-\frac{1}{2}x}-1$$

이 함수 $y=|x|$의 그래프와 각각 원점이 아닌 두 점 A, B에서 만난다. 직선 AB의 기울기가 $-\frac{3}{5}$일 때, a의 값은? [4점]

① $7^{\frac{1}{12}}$ ② $7^{\frac{1}{6}}$ ③ $7^{\frac{1}{4}}$ ④ $7^{\frac{1}{3}}$ ⑤ $7^{\frac{1}{2}}$

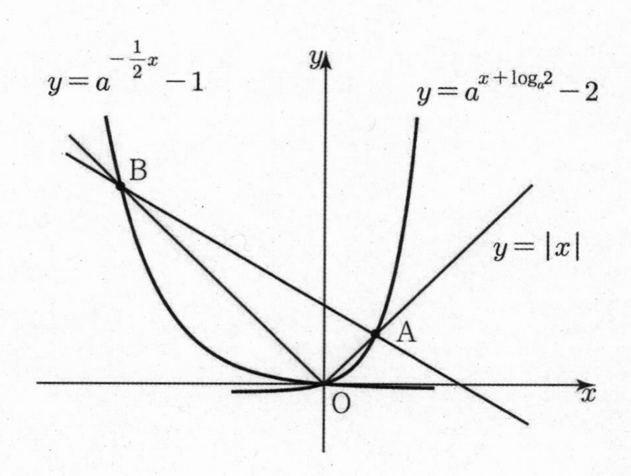

14. 자연수 n에 대하여 함수

$$f(x)=\int_a^x t(t-n)(t-7)dt$$

가 다음 조건을 만족시킬 때, 함수 $f(x)$의 극댓값 중 최댓값은? [4점]

> (가) $f'(2)\times f'(4)\times f'(6)<0$
> (나) 함수 $f(x)$의 최솟값은 0이다.

① 50 ② $\frac{160}{3}$ ③ $\frac{335}{4}$ ④ $\frac{375}{4}$ ⑤ 144

15. 두 함수

$$f(x)=\log_2(|\sin x|+a),\ g(x)=\log_{(|\sin x|+b)}2$$

이 다음 조건을 만족시킨다.

(가) 함수 $4^{f(x)}\times 2^{\frac{1}{g(x)}}$의 최댓값은 200이다.

(나) 모든 실수 x에 대하여 $2^{f(x)+1}+2^{\frac{1}{g(x)}}\le 30$이다.

두 자연수 a, b의 모든 순서쌍 (a, b)에 대하여 $2a+b$의 최댓값은? (단, $|\sin x|\neq 0$) [4점]

① 8 ② 15 ③ 19 ④ 35 ⑤ 54

단답형

16. 함수 $f(x)=(x^2+1)(x-1)$에 대하여 $f'(1)$의 값을 구하시오. [3점]

17. 방정식

$$3\log_8(6x-1)=1$$

의 실근을 α라 할 때, $\log_2\frac{1}{\alpha}$의 값을 구하시오. [3점]

18. 부등식 $\sum_{k=1}^{4} 2^{k-1} < \sum_{k=1}^{n} (2k-1) < \sum_{k=1}^{4} (2\times 3^{k-1})$을 만족시키는 모든 자연수 n의 값의 합을 구하시오. [3점]

19. 다항함수 $f(x)$가 모든 실수 x에 대하여

$$\{f(x)+2x^2\}^2 \le 64$$

를 만족시킨다. $\lim_{x\to 2}\frac{f(x)}{x^2-2x}=k$ 일 때, $|2k|$의 값을 구하시오. (단, k는 상수이다.) [3점]

20. 함수

$$f(x)=\begin{cases} -2x-1 & (x<0) \\ x-1 & (x\ge 0) \end{cases}$$

와 실수 $t\,(-1\le t\le 1)$에 대하여 함수 $g(t)$를

$$g(t)=\int_{-1}^{2}|t-f(x)|\,dx$$

라 할 때, $40\times g'\left(\frac{1}{2}\right)$의 값을 구하시오. [4점]

21. $a>3(a\neq 5)$인 상수 a에 대하여 함수 $f(x)$를

$$f(x)=\begin{cases} x(x-1)(x-4) & (x \le 3) \\ x^2-ax & (x>3) \end{cases}$$

라 하고 최고차항의 계수가 1인 사차함수 $g(x)$와 상수 k에 대하여 함수 $h(x)$를 $x\neq a$일 때,

$$h(x)=\begin{cases} \dfrac{g(x)}{f(x)} & (x\neq 0, x\neq 1) \\ k & (x=0) \\ \dfrac{2}{3}k & (x=1) \end{cases}$$

라 하자. 함수 $h(x)$는 실수 전체의 집합에서 연속일 때, $h(a)$의 값을 구하시오. [4점]

22. 자연수 k에 대하여 수열 $\{a_n\}$이 다음 조건을 만족시킬 때, a_{2k}의 값을 구하시오. [4점]

> (가) $a_1=10$이고 모든 자연수 n에 대하여
>
> $$a_{n+1}=\begin{cases} a_n+3 & (n \le k) \\ |a_n-2| & (n>k) \end{cases}$$
>
> 이다.
>
> (나) $a_m+a_{m+1}+a_{m+2}=3$을 만족시키는 자연수 m의 최솟값은 23이다.

> ∗ 확인 사항
>
> ○ 답안지의 해당란에 필요한 내용을 정확히 기입(표기)했는지 확인하시오.
>
> ○ 이어서, 「**선택과목(확률과 통계)**」 문제가 제시되오니, 자신이 선택한 과목인지 확인하시오.

제 2 교시

수학 영역(확률과 통계)

5지선다형

23. 이항분포 $\mathrm{B}\left(n,\ \frac{1}{3}\right)$ 을 따르는 확률변수 X 의 분산이 6 일 때, n 의 값은? [2점]

① 33 ② 31 ③ 29 ④ 27 ⑤ 25

24. 서로 독립인 두 사건 A, B에 대하여

$$\frac{\mathrm{P}(A)}{3}=\frac{\mathrm{P}(B)}{4}=\frac{\mathrm{P}(A\cup B)}{6}$$

일 때, $\mathrm{P}(B)$의 값은? (단, $\mathrm{P}(A)\neq 0, \mathrm{P}(B)\neq 0$) [3점]

① $\frac{1}{6}$ ② $\frac{1}{5}$ ③ $\frac{1}{4}$ ④ $\frac{1}{3}$ ⑤ $\frac{1}{2}$

25. 11^{50}의 백의 자리 숫자는? [3점]

① 0 ② 1 ③ 3 ④ 5 ⑤ 7

26. 어느 지역의 중학교 학생의 하루 공부 시간은 평균이 m이고 표준편차가 σ인 정규분포를 따른다고 한다. 이 지역의 중학교 학생 중에서 임의추출한 100명의 하루 공부 시간의 표본평균을 이용하여 구한 모평균 m에 대한 신뢰도 99%의 신뢰구간이 $a \le m \le b$이다. 이 지역의 중학교 학생 중에서 임의추출한 25명의 하루 공부 시간의 표본평균을 $\overline{X}$라 할 때, $\mathrm{P}\left(|\overline{X}-m| \le \frac{b-a}{2}\right)$의 값을 오른쪽 표준정규분포표를 이용하여 구한 것은? (단, 공부 시간의 단위는 분이고 $\mathrm{P}(0 \le Z \le 2.58) = 0.495$이다.) [3점]

z	$\mathrm{P}(0 \le Z \le z)$
1.09	0.3550
1.19	0.3965
1.29	0.4015
1.39	0.4750

① 0.9858 ② 0.9500 ③ 0.8765
④ 0.8030 ⑤ 0.7930

27. 주머니 A에는 숫자 1, 2, 2, 2, 3이 하나씩 적혀 있는 5개의 공이 들어 있고, 주머니 B에는 숫자 2, 3, 4가 하나씩 적혀 있는 3개의 공이 들어 있고, 주머니 C에는 숫자 1, 3, 5가 하나씩 적혀 있는 3개의 공이 들어 있다. 주머니 A에서 임의로 2개의 공을 꺼내어 꺼낸 두 개의 공을 주머니 B에 넣고 주머니 B에서 임의로 2개의 공을 꺼내어 꺼낸 두 개의 공을 주머니 C에 넣고 다시 주머니 C에서 임의로 2개의 공을 꺼낸다. 세 주머니 A, B, C에서 꺼낸 두 개의 공에 적힌 숫자의 합을 각각 a, b, c라 할 때, $a>b>c$일 확률은? [3점]

① $\frac{3}{1000}$ ② $\frac{1}{250}$ ③ $\frac{1}{200}$ ④ $\frac{3}{500}$ ⑤ $\frac{7}{1000}$

28. 그림과 같이 정육각형의 각 변에 반지름의 길이가 같은 원이 6개 있다. 1부터 8까지의 자연수 중에서 6개를 선택하여 6개의 각 원에 하나씩 써 넣을 때, 다음 조건을 만족시키는 경우의 수는? [4점]

(가) 마주 보는 원에 적힌 수의 차는 3이다.
(나) 이웃하는 두 원에 적힌 수의 차는 5가 될 수 없다.

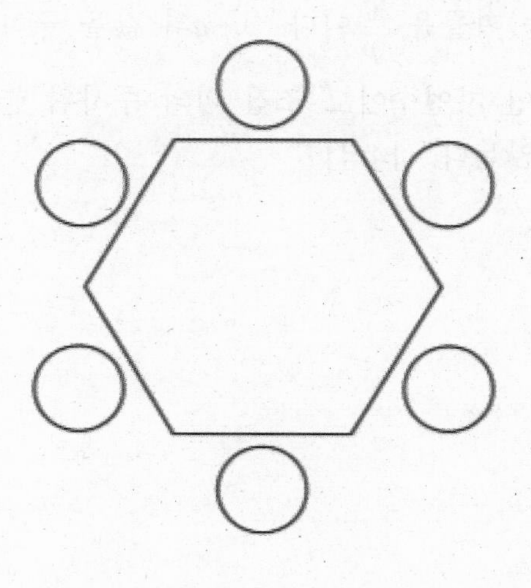

① 12 ② 14 ③ 16 ④ 18 ⑤ 20

단답형

29. 1부터 6까지 적힌 주사위와 1부터 9까지의 자연수가 하나씩 적힌 9개의 공이 주머니에 들어 있다. 주사위 눈이 4의 약수이면 주머니에서 2개의 공을 동시에 꺼내고, 3의 배수이면 주머니에서 3개의 공을 동시에 꺼낸다. 꺼낸 공에 적힌 눈의 합이 홀수일 때, 주사위 눈이 꺼낸 모든 공에 적힌 수보다 작을 확률은 $\frac{q}{p}$이다. $p+q$의 값을 구하시오. (단, p와 q는 서로소인 자연수이고 조건 외의 주사위 눈이 나올경우 공을 뽑지 않는다.) [4점]

30. 확률변수 X가 정규분포 $\mathrm{N}(m,\ 2^2)$을 따르고, 실수 전체의 집합에서 정의된 함수 $f(x)$를 다음과 같이 정의하자. $f(x)=\mathrm{P}(X\le x)$

z	$\mathrm{P}(0\le Z\le z)$
0.5	0.19
1.0	0.34
1.5	0.43
2.0	0.48
2.5	0.49

$f(0)$, $f(3)$, $f(6)$이 이 순서로 등차수열을 이루고 두 점 $(1,\ f(1))$, $(5,\ f(5))$를 지나는 직선의 기울기를 오른쪽 표준정규분포표를 이용하여 구한 것이 n이라고 하자. 또한 함수 $g(x)=x^3+\frac{3}{2}x^2+px+1$는 $x=a$에서 극댓값을 갖고, $x=b$에서 극솟값을 가진다. 좌표평면에서 두 점 $(a,\ g(a))$, $(b,\ g(b))$를 지나는 직선이 직선 $y=100nx+1$과 평행할 때, 상수 p의 값을 구하면 $\frac{\alpha}{\beta}$이다. $\alpha+\beta$의 값을 구하시오. [4점]

* 확인 사항

○ 답안지의 해당란에 필요한 내용을 정확히 기입(표기)했는지 확인하시오.

○ 이어서, 「**선택과목(미적분)**」 문제가 제시되오니, 자신이 선택한 과목인지 확인하시오.

제 2 교시

수학 영역(미적분)

5지선다형

23. $\lim_{n\to\infty}\left(\frac{2n}{3n+1}-\frac{n}{2n+1}\right)$의 값은? [2점]

① $\frac{1}{6}$ ② $\frac{1}{3}$ ③ $\frac{1}{2}$ ④ $\frac{2}{3}$ ⑤ $\frac{5}{6}$

24. $\int_0^{\pi} x\cos x\,dx$의 값은? [3점]

① -4 ② $-\pi$ ③ -2 ④ 2 ⑤ π

25. 그림과 같이 두 곡선 $y=x$, $y=-\frac{1}{x}$ $(x>0)$과 두 직선 $x=1$, $x=2$로 둘러싸인 부분을 밑면으로 하는 입체도형이 있다. 이 입체도형을 x축에 수직인 평면으로 자른 단면이 모두 정사각형일 때, 이 입체도형의 부피는? [3점]

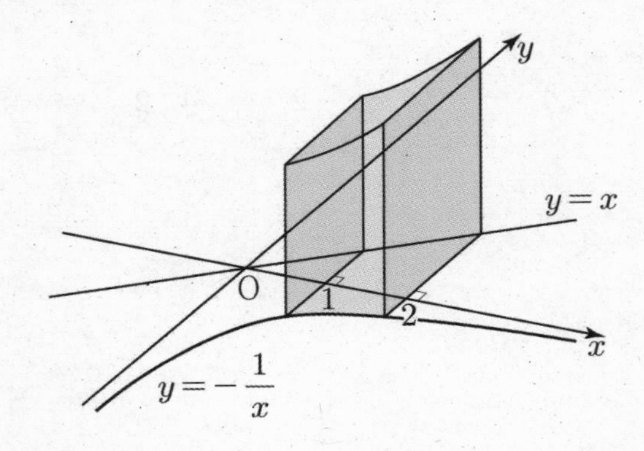

① $\frac{7}{2}$ ② $\frac{23}{6}$ ③ $\frac{25}{6}$ ④ $\frac{27}{6}$ ⑤ $\frac{29}{6}$

26. 두 실수 α, β가 두 등식

$$\cos\alpha+\cos\beta=\frac{\sqrt{3}}{2}$$

$$\sin\alpha+\sin\beta=\frac{\sqrt{3}}{2}\tan(\alpha-\beta)$$

을 모두 만족시킨다. $0<\alpha-\beta<\frac{\pi}{2}$일 때, $\cos(\alpha-\beta)$의 값은? [3점]

① $\frac{\sqrt{2}}{6}$ ② $\frac{1}{4}$ ③ $\frac{1}{3}$ ④ $\frac{1}{2}$ ⑤ $\frac{\sqrt{2}}{2}$

27. 닫힌구간 $[0, \pi]$ 에서 곡선 $y=b\cos x$ 와 x축, y축으로 둘러싸인 부분을 $y=a\sin x$ 가 이등분할 때, $\frac{b}{a}$ 의 값은? (단, $a>0$, $b>0$) [3점]

① $\frac{8}{7}$　② $\frac{5}{6}$　③ $\frac{4}{3}$　④ $\frac{4}{5}$　⑤ $\frac{1}{3}$

28. 함수 $f(x)=x\ln x-x$와 이차함수 $g(x)$에 대하여

$$f'(1)=g'(1),\ f'(e)=g'(e)$$

이고, 다음 조건을 만족시킨다.

$x>0$에서 함수 $h(x)=f(g(x))-g(g(x))$가 극솟값 m을 갖고, 방정식 $h(x)=m$의 서로 다른 실근의 개수는 3이다.

$g(0)$의 최솟값은? [4점]

① $\frac{e-1}{2e-2}$　② $\frac{e-2}{2e-2}$　③ $\frac{2e}{2e-2}$
④ $\frac{2e-1}{2e-2}$　⑤ $\frac{e-3}{2e-2}$

단답형

29. 첫째항과 공비가 각각 0이 아닌 두 등비수열 $\{a_n\}$, $\{b_n\}$에 대하여 두 급수 $\sum_{n=1}^{\infty} a_n$, $\sum_{n=1}^{\infty} b_n$ 이 각각 수렴하고

$$\sum_{n=1}^{\infty}\left(\frac{a_n}{b_n}\right)=\frac{\sum_{n=1}^{\infty} a_n}{\sum_{n=1}^{\infty} b_n},\ \sum_{n=1}^{\infty} b_n = 4\times\sum_{n=1}^{\infty} b_{2n}$$
이 성립한다.

$a_3=1$일 때, $4\times\sum_{n=1}^{\infty} a_n$의 값을 구하시오. [4점]

30. $x \geq 0$에서 정의된 함수 $f(x)=\sin(\pi\sqrt{x})$에 대하여

$$\lim_{x\to\infty}\frac{1}{n}\sum_{k=1}^{n} f\left(m+\frac{k}{n}\right)<0$$

를 만족시키는 100 이하의 자연수 m의 개수를 구하시오. [4점]

* 확인 사항

○ 답안지의 해당란에 필요한 내용을 정확히 기입(표기)했는지 확인하시오.

○ 이어서, 「**선택과목(기하)**」 문제가 제시되오니, 자신이 선택한 과목인지 확인하시오.

제 2 교시

수학 영역(기하)

5지선다형

23. 좌표공간의 두 점 A$(3,\ a,\ 1)$, B$(2,\ -1,\ a)$에 대하여 선분 AB를 $m:n$으로 외분하는 점을 P라 하자. 점 P가 y축 위에 있을 때, 점 P의 y좌표는? (단, m, n은 서로 다른 양수이다.) [2점]

① $-\frac{19}{3}$ ② $-\frac{17}{3}$ ③ -5 ④ $-\frac{13}{3}$ ⑤ $-\frac{11}{3}$

24. 두 초점이 F$(c,\ 0)$, F$'(-c,\ 0)$ $(c>0)$인 쌍곡선 $x^2-\frac{y^2}{b^2}=1$ 위의 점 P에 대하여 $\overline{\text{PF}}+\overline{\text{PF}'}=6$이고, $\angle\text{FPF}'=90°$일 때, b^2의 값은? (단, b와 c는 상수이다.) [3점]

① 3 ② 4 ③ 5 ④ 6 ⑤ 7

25. 좌표평면에서 두 벡터 $\vec{a}=(1,\ 0)$, $\vec{b}=(1,\ 2)$에 대하여 벡터 $\vec{p}$가

$$\vec{p}\cdot\vec{b}=(\vec{a}+\vec{b})\cdot\vec{a},\ |\vec{p}-\vec{a}|=1$$

을 만족시킬 때, $|\vec{p}|$의 최솟값은? [3점]

① $\frac{2\sqrt{5}}{5}$ ② $\frac{3\sqrt{5}}{5}$ ③ $\frac{4\sqrt{5}}{5}$ ④ $\sqrt{5}$ ⑤ $\frac{6\sqrt{5}}{5}$

26. 좌표공간에서 구 S와 xy평면이 만나서 생기는 원의 방정식은 $(x+1)^2+(y-2)^2=16$, $z=0$이고, 구 S와 xz평면이 만나서 생기는 원의 방정식은 $(x+1)^2+(z-3)^2=21$, $y=0$이다. 이때, 구 S와 yz평면이 만나서 생기는 원의 넓이는? [3점]

① 18π ② 20π ③ 22π ④ 24π ⑤ 25π

27. 초점이 F인 포물선 $y^2=12x$ 위의 제1사분면에 있는 점 A에 대하여 직선 FA가 이 포물선과 만나는 점 중 A가 아닌 점을 B, 두 점 A, B에서 이 포물선의 준선에 내린 수선의 발을 각각 H_1, H_2라 하자. 두 삼각형 AH_1B, H_1H_2B의 넓이의 비가 2 : 1일 때, 선분 FA의 길이는? [3점]

① $\frac{9}{2}$ ② 5 ③ 6 ④ $\frac{15}{2}$ ⑤ 9

28. 타원 $\frac{x^2}{4}+\frac{y^2}{b^2}=1\ (b>0)$의 두 초점을 $\mathrm{F}(c,\ 0)$, $\mathrm{F'}(-c,\ 0)\ (c>0)$이라 하자. 초점이 F′이고 꼭짓점이 원점 O인 포물선이 타원 $\frac{x^2}{4}+\frac{y^2}{b^2}=1$과 만나는 점 중 제2사분면의 점을 P라 하자. $\angle \mathrm{PF'F}=60°$일 때, b^2의 값은? [4점]

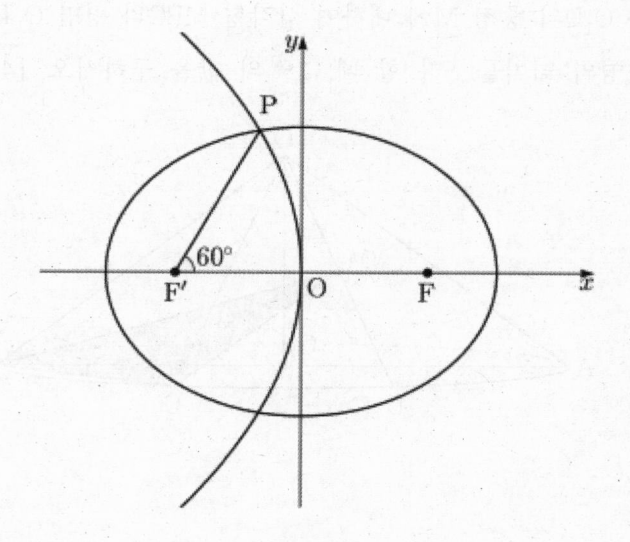

① $8(2\sqrt{7}-5)$ ② $16(\sqrt{7}-3)$ ③ $8(\sqrt{7}-2)$
④ $8(\sqrt{7}-3)$ ⑤ $4(\sqrt{7}-2)$

단답형

29. 그림과 같이 선분 AB를 지름으로 하고 점 C와 점 D를 지나는 원을 밑변으로 하고 꼭짓점이 O_1인 원뿔에서 $\overline{O_1A} = \overline{O_1B} = \overline{O_1C} = \overline{O_1D} = 5$, $\overline{AB} = 8$이다. 또 선분 AB의 중점을 O_2이라 하면 $\angle AO_2D = 60^\circ$, $\angle BO_2C = 60^\circ$이다. 선분 O_1D의 중점 M에 대하여 삼각형 MBC의 평면 O_1BC위로의 정사영의 넓이를 S라 할 때, $7S^2$의 값을 구하시오. [4점]

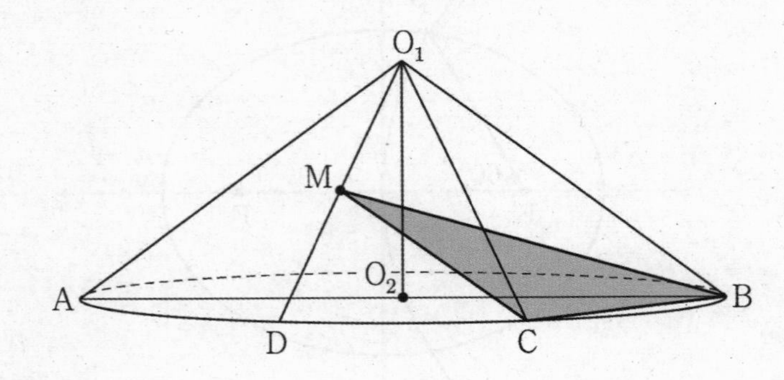

30. $\overline{AB} = \overline{BC} = 4$이고 $\angle B = 90^\circ$인 직각이등변삼각형 ABC에 대하여 삼각형 ABC를 포함하여 평면 위의 두 점 P, Q가 다음 조건을 모두 만족시킨다.

> (가) $\overrightarrow{AP} \cdot \overrightarrow{BP} = 0$
>
> (나) $\overrightarrow{BQ} = \frac{1}{2}(\overrightarrow{BA} + \overrightarrow{BP})$

이때, $|\overrightarrow{CQ}|$의 최댓값은 p, 최솟값은 q이다. $p^2 + q^2$의 값을 구하시오. [4점]

> * 확인 사항
>
> ○ 답안지의 해당란에 필요한 내용을 정확히 기입(표기)했는지 확인하시오.

※ 시험이 시작되기 전까지 표지를 넘기지 마시오.

제 2 교시

랑데뷰☆수학 모의고사 - 시즌1 3회 문제지

수학 영역

성명		수험번호					—				

○ 문제지의 해당란에 성명과 수험번호를 정확히 쓰시오.

○ 답안지의 필적 확인란에 다음의 문구를 정자로 기재하시오.

랑데뷰☆수학 시즌1 제3회

○ 답안지의 해당란에 성명과 수험 번호를 쓰고, 또 수험 번호와 답을 정확히 표시하시오.

○ 단답형 답의 숫자에 '0'이 포함되면 그 '0'도 답란에 반드시 표시하시오.

○ 문항에 따라 배점이 다르니, 각 물음의 끝에 표시된 배점을 참고하시오. 배점은 2점, 3점 또는 4점입니다.

○ 계산은 문제지의 여백을 활용하시오.

※ 공통 과목 및 자신이 선택한 과목의 문제지를 확인하고, 답을 정확히 표시하시오.

※ 시험이 시작되기 전까지 표지를 넘기지 마시오.

랑데뷰

제 2 교시

수학 영역

5지선다형

1. $\log_2 3 + \log_2\left(\frac{4}{3}\right)$의 값은? [2점]

① 1 ② 2 ③ 3 ④ 4 ⑤ 5

2. 함수 $f(x)=(x^3-2x)(x+1)$에 대하여 $f'(1)$의 값은? [2점]

① -1 ② 0 ③ 1 ④ 2 ⑤ 3

3. $\sin\theta+\cos\theta=1$일 때, $\sin^3\theta+\cos^3\theta$의 값은? [3점]

① $\frac{1}{2}$ ② 1 ③ $-\frac{1}{2}$ ④ -1 ⑤ 2

4. 닫힌구간 $[-2,\ 2]$에서 정의된 함수 $y=f(x)$의 그래프가 그림과 같다.

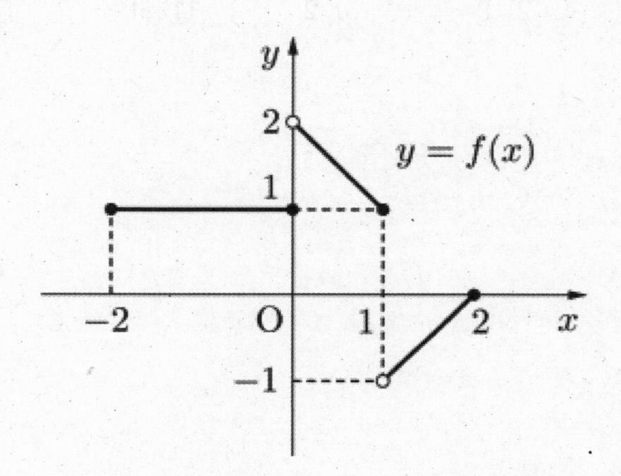

$\lim\limits_{x\to 2-} f(x) - \lim\limits_{x\to 0+} f(x) \times \lim\limits_{x\to 1+} f(x)$의 값은? [3점]

① -2 ② -1 ③ 0 ④ 1 ⑤ 2

5. $1 \le x \le 5$에서 함수 $f(x)=\log_{\frac{1}{2}}(3x+1)+4$의 최댓값과 최솟값의 합은? [3점]

① 1 ② 2 ③ 3 ④ 4 ⑤ 5

6. 함수 $f(x)=2x^3+6x^2+ax$가 $\int_{-1}^{1} f(x)dx = f'(0)+f(1)$을 만족시킬 때, 상수 a의 값은? [3점]

① -2 ② 0 ③ 2 ④ 4 ⑤ 6

7. 함수 $f(x)=x^3-12x+16$에 대하여 곡선 $y=f(x)$위의 점 $\mathrm{A}(2,\ f(2))$에서의 접선과 곡선 $y=f(x)$로 둘러싸인 부분의 넓이는? [3점]

① 92 ② 96 ③ 100 ④ 104 ⑤ 108

8. 두 점 $A(0, 8)$, $B(a, 0)$ $(a>2)$에 대하여 선분 AB가 함수 $y=\log_2(x-1)$의 그래프와 만나는 점을 C라 하자. $\overline{AC} : \overline{CB} = 3 : 1$일 때, 점 C의 x 좌표는? [3점]

① 5　② $\frac{16}{3}$　③ $\frac{17}{3}$　④ 6　⑤ $\frac{19}{3}$

9. 공차가 0이 아닌 등차수열 $\{a_n\}$에 대하여

$$a_7 = |a_9|,\ \sum_{k=1}^{5} \frac{1}{a_k a_{k+2}} = \frac{1}{42}$$

일 때, a_5의 값은? [4점]

① 13　② 14　③ 15　④ 16　⑤ 17

10. 두 자연수 a, b에 대하여 원 $(x-\log_2 a)^2 + (x-\log_2 b)^2 = 8$ 위의 점 P에서 원과 만나지 않는 직선 $x+y-16=0$까지 거리의 최솟값이 $5\sqrt{2}$이다. $\log_a b$의 값이 자연수가 되도록 하는 순서쌍 (a, b)의 개수는? [4점]

① 4　② 5　③ 6　④ 7　⑤ 8

11. 상수 a $(a>0)$에 대하여 함수

$$f(x)=x^3-\frac{3}{2}ax^2+x+\frac{1}{2}a^3$$

이 있다. 곡선 $y=f(x)$위의 $x=a$에서의 접선과 $x=2a$에서의 접선이 만나는 점을 A라 하자. $\overline{\mathrm{OA}}=2\sqrt{2}$일 때, a의 값은? (단, O는 원점이다.) [4점]

① $\frac{12}{19}$ ② $\frac{16}{19}$ ③ $\frac{20}{19}$ ④ $\frac{24}{19}$ ⑤ $\frac{28}{19}$

12. 그림과 같이 선분 AB의 중점 P에 대하여 선분 PB를 지름으로 하는 원 C_1이 있다. 원 C_1위의 점 Q를 잡아 직선 AQ와 원 C_1가 만나는 점 중 Q가 아닌 점을 R이라 하고, 세 점 R, A, P를 지나는 원을 C_2라 하자. $\overline{\mathrm{PR}}:\overline{\mathrm{BQ}}=5:8$일 때, 원 C_1의 넓이와 원 C_2의 넓이의 비는 $m:n$이다. $m+n$의 값은? (단, m과 n은 서로소인 자연수이다.) [4점]

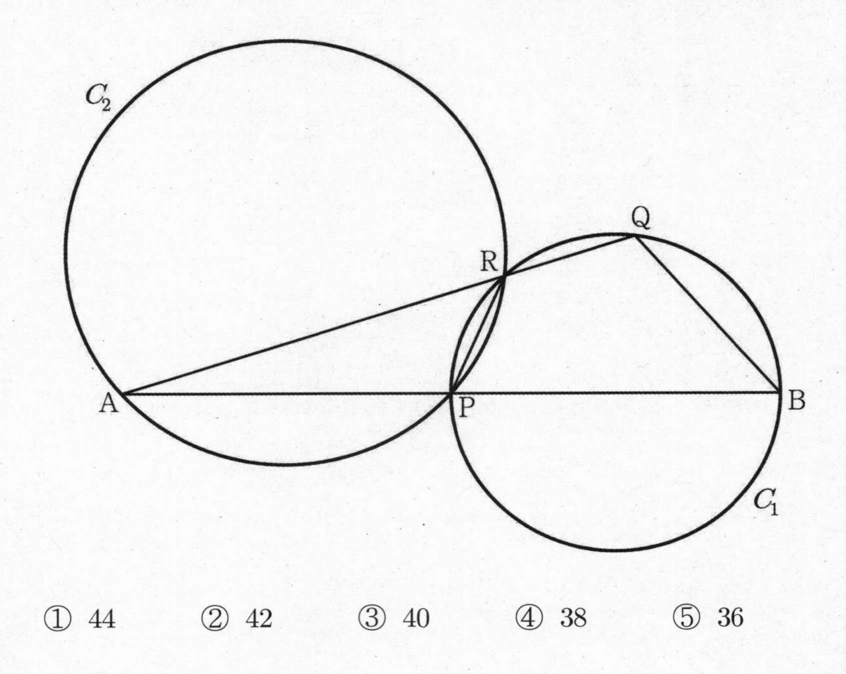

① 44 ② 42 ③ 40 ④ 38 ⑤ 36

13. 다항함수 $f(x)$가 다음 조건을 만족시킨다.

(가) $\lim_{x\to\infty}\frac{f(x)-2x^4}{x^3}=-8$ (나) 모든 실수 x에 대하여 $f'(k+x)\times f'(k-x)\le 0$ 이다.

$f'(0)=0$일 때, $f(k)-f(0)$의 최댓값과 최솟값의 합은? (단, $k>0$) [4점]

① -48 ② -50 ③ -52 ④ -54 ⑤ -56

14. 모든 항이 정수인 등차수열 $\{a_n\}$에 대하여 수열 $\{S_n\}$을 $S_n=\sum_{k=1}^{n}a_k$이라 할 때, 수열 $\{b_n\}$은

$$b_n=\begin{cases} a_n-1\ (S_n\le 0) \\ 7-a_n\ (S_n>0) \end{cases}$$

이다. 수열 $\{b_n\}$이 다음 조건을 만족시킬 때, b_{2p}의 값은? (단, p는 자연수이다.) [4점]

(가) $b_4=b_8$ (나) $A=\{n\mid b_n\ge b_p\}$일 때, $n(A)=1$이다.

① -13 ② -14 ③ -15 ④ -16 ⑤ -17

15. 최고차항의 계수가 1인 일차함수 $f(x)$와 실수 전체의 집합에서 연속이고 최솟값이 0이상인 함수 $g(x)$가 모든 실수 x에 대하여 부등식

$$f(x)g(x) \geq f(x)\int_{1}^{x} f(t)dt$$

을 만족시킨다. $\int_{-2}^{2} g(x)dx$의 최솟값은? [4점]

① 1　② $\frac{2}{3}$　③ $\frac{1}{2}$　④ $\frac{1}{3}$　⑤ $\frac{1}{6}$

단답형

16. 첫째항이 6인 등차수열 $\{a_n\}$에 대하여

$$a_{11} - a_7 = 12$$

일 때, a_6의 값을 구하시오. [3점]

17. 연속함수 $f(x)$에 대하여 $f'(x) = 3x + |x|$, $f(0) = 1$이 성립한다. 이때, $f(-1) + f(2)$의 값을 구하시오. [3점]

18. 수직선 위를 움직이는 점 P의 시각 t $(t>0)$에서의 위치 x가

$$x=t^3-3t^2$$

이다. 출발 후 점 P의 속도가 0인 시각에서의 점 P의 가속도를 구하시오. [3점]

19. 함수 $y=\dfrac{2x+1}{x-k}$의 두 점근선이 $y=a^x$ $(a>0,\ a\neq 1)$을 평행이동하여 얻은 어떤 함수와 그 함수의 역함수의 점근선이 될 때, 두 점근선 중 하나가 함수 $y=\tan\dfrac{k\pi}{b}x$의 점근선이 되도록 하는 양의 실수 b의 최댓값을 구하시오. [3점]

20. 2이상의 자연수 n에 대하여 $(-4)^{\frac{n+k}{2}}$의 n제곱근 중에서 음의 정수가 존재하도록 하는 자연수 k 중 두 번째로 작은 값을 $f(n)$이라 하자. $\displaystyle\sum_{m=1}^{10}\{f(2m)+f(2m+1)\}$의 값을 구하시오.

[4점]

21. 사차함수 $y=f(x)$의 그래프와 점 $\mathrm{A}(-1,\ 0)$을 지나는 일차함수 $y=g(x)$의 그래프가 그림과 같다.

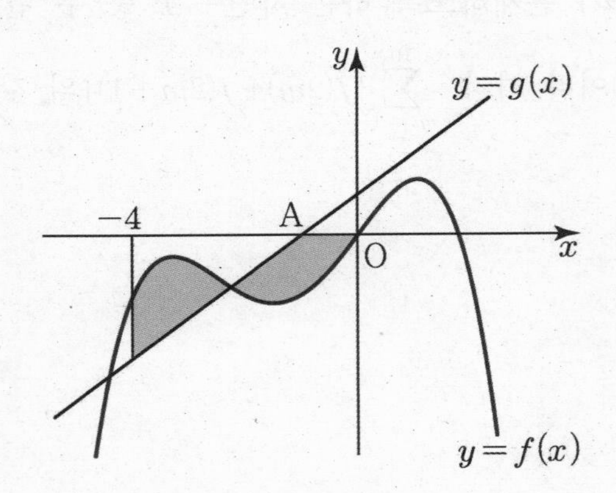

곡선 $y=f(x)$와 선분 OA 및 직선 $y=g(x)$로 둘러싸인 부분의 넓이와 곡선 $y=f(x)$와 두 직선 $x=-4$, $y=g(x)$로 둘러싸인 부분의 넓이가 같다. $\int_{-4}^{0} f(x)dx=-5$일 때, 직선 $y=g(x)$의 기울기는 m이다. $9m$의 값을 구하시오. (단, O는 원점이다.)

[4점]

22. 상수 $a\left(0<a<\frac{\pi}{2}\right)$에 대하여 $-2 \leq x \leq 2$에서 정의된 두 함수 $f(x)=\sin\left(\frac{\pi}{2}x\right)$, $g(x)=-2\cos\left(\frac{\pi}{2}x+a\right)+\frac{2\sqrt{3}}{3}$이 있다. 직선 $y=mx\,(0<m<1)$과 곡선 $y=f(x)$가 세 점 O, P, Q에서 만난다. 곡선 $y=f(x)$ 위의 두 점 P′, Q′와 곡선 $y=g(x)$ 위의 두 점 R, S가 있다. 두 삼각형 PP′R와 QQ′S는 각각 한 변이 x축과 평행한 정삼각형일 때, $100m$의 값을 구하시오, (단, O는 원점이고 점 P의 x좌표는 1보다 크다.)

[4점]

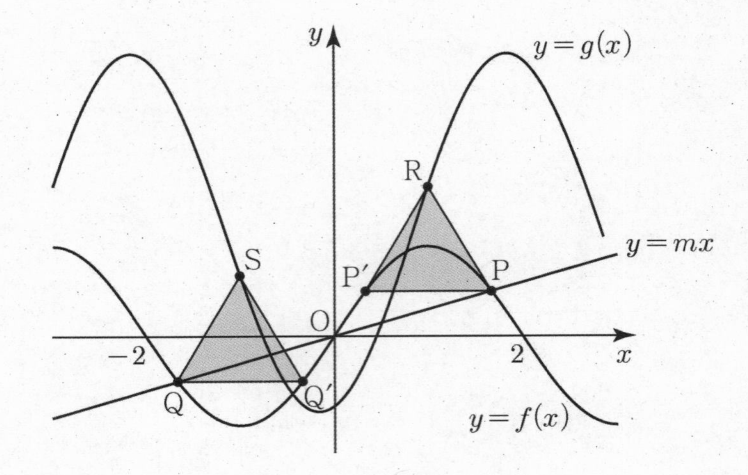

＊ 확인 사항

○ 답안지의 해당란에 필요한 내용을 정확히 기입(표기)했는지 확인하시오.

○ 이어서, 「**선택과목(확률과 통계)**」 문제가 제시되오니, 자신이 선택한 과목인지 확인하시오.

제 2 교시

수학 영역(확률과 통계)

5지선다형

23. 숫자 0, 1, 2, 3 중에서 중복을 허락하여 네 개를 선택해 일렬로 나열하여 만들 수 있는 네 자리 자연수의 개수는? [2점]

① 80 ② 96 ③ 192 ④ 205 ⑤ 210

24. 확률변수 X가 이항분포 $\mathrm{B}\left(4, \frac{2}{5}\right)$를 따를 때, 확률변수 $5X$의 분산은? [3점]

① 16 ② 18 ③ 20 ④ 22 ⑤ 24

25. 검은 공 4개, 흰 공 5개가 들어있는 주머니에서 임의로 1개씩 2개의 공을 꺼낼 때, 첫 번째로 꺼낸 공과 두 번째로 꺼낸 공의 색이 모두 같을 확률은? [3점]

① $\frac{1}{4}$ ② $\frac{4}{9}$ ③ $\frac{11}{36}$ ④ $\frac{1}{3}$ ⑤ $\frac{13}{36}$

26. 9이하의 자연수 중에서 중복을 허락하여 6개의 수를 택할 때, 3의 배수를 3번 택하고 1은 적어도 1번 택하는 경우의 수는? (단, 택한 수의 순서는 생각하지 않는다.) [3점]

① 180 ② 190 ③ 200 ④ 210 ⑤ 220

27. 같은 그림이 그려진 카드가 각각 3장씩 세 종류가 있다. 9장의 카드 중에서 임의로 3장을 택해 학생 A에게 주고, 남은 6장의 카드 중에서 임의로 2장을 택해 학생 B에게 줄 때, 학생 A는 같은 그림이 그려진 카드 3장을 받고 학생 B는 서로 다른 그림이 그려진 카드 2장을 받을 확률은? [3점]

① $\frac{1}{140}$ ② $\frac{1}{70}$ ③ $\frac{3}{140}$ ④ $\frac{2}{70}$ ⑤ $\frac{1}{28}$

28. A고교에서는 이번에 치른 수학 시험에서 미적분 선택과 확률과 통계 선택에서 성적 미달자에 대한 보강수업을 운영하기로 계획하였다. 미적분 선택 학생의 점수는 평균 70, 표준편차 10인 정규분포를 따르고, 확률과 통계 선택한 학생의 점수는 평균 80, 표준편차가 20인 정규분포를 따른다. 미적분 선택은 62.5점 이하일 때 보강수업 대상자로 선정하고, 확률과 통계 선택은 42.4점 이하일 때 보강수업 대상자로 선정하기로 하였다. 이 학교에서 보강수업을 수강하는 학생 중 한 명을 선정하였을 때, 이 학생이 미적분 선택 성적 미달에 의해 보강수업을 듣고 있을 확률은 $\frac{q}{p}$이다. 이때, $p+q$의 값은? (단, p, q는 서로소인 자연수이다. 미적분 선택 학생수와 확률과 통계 선택 학생수는 서로 같다.) [4점]

z	$P(0 \le Z \le z)$
1.65	0.45
1.75	0.46
1.88	0.47
2.05	0.48

① 10 ② 13 ③ 21 ④ 26 ⑤ 31

단답형

29. 숫자 1, 2, 3, 4가 하나씩 적힌 4개의 공이 각각 들어 있는 두 주머니 A와 B를 사용하여 다음과 같은 두 시행을 [시행1], [시행2]의 순서로 한다.

> [시행1] : 두 주머니 A, B에서 각각 임의로 1개씩의 공을 동시에 꺼낸 다음,
> 주머니 A에서 꺼낸 공은 주머니 B에 넣고,
> 주머니 B에서 꺼낸 공을 주머니 A에 넣는다.
> [시행2] : 주머니 A에서 임의로 2개의 공을 동시에 꺼낸다.

시행 2에서 꺼낸 2개의 공에 적힌 수가 서로 같을 확률은 $\frac{q}{p}$이다. $p+q$의 값을 구하시오.
(단, p와 q는 서로소인 자연수이다.) [4점]

30. 숫자 1, 2, 3, 4, 5 중에서 중복을 허락하여 네 개를 다음 조건을 만족시키도록 선택하여 일렬로 나열한다.

> (가) 홀수와 짝수는 각각 적어도 한 번씩 선택한다.
> (나) 홀수끼리는 크기가 큰 숫자가 크기가 작은 숫자보다 더 오른쪽에 있다.
> (다) 짝수끼리는 크기가 큰 숫자가 크기가 작은 숫자보다 더 왼쪽에 있다.

예를 들어, 1412으로 나열되는 경우 조건을 만족시킨다.
나열하여 만들 수 있는 모든 자연수의 개수를 구하시오. [4점]

> * 확인 사항
>
> ○ 답안지의 해당란에 필요한 내용을 정확히 기입(표기)했는지 확인하시오.
>
> ○ 이어서, 「**선택과목(미적분)**」 문제가 제시되오니, 자신이 선택한 과목인지 확인하시오.

제 2 교시

수학 영역(미적분)

5지선다형

23. 함수 $f(x)=\dfrac{1}{x^2+1}$에 대하여 $f'(1)$의 값은? [2점]

① 1　② $\dfrac{1}{3}$　③ $\dfrac{1}{2}$　④ $-\dfrac{1}{2}$　⑤ $-\dfrac{1}{3}$

24. 수렴하는 수열 $\{a_n\}$과 $\{b_n\}$에 대하여 $\lim_{n\to\infty}\dfrac{a_n+b_{n+1}}{3a_n-b_{n-1}}=2$ 일 때, $\lim_{n\to\infty}\dfrac{b_n}{a_n}$의 값은? (단, 모든 자연수 n에 대하여 $3a_n\neq b_{n-1}$, $\lim_{n\to\infty}a_n\neq 0$) [3점]

① $\dfrac{1}{3}$　② $\dfrac{2}{3}$　③ 1　④ $\dfrac{4}{3}$　⑤ $\dfrac{5}{3}$